WHAT'S MATH GOT TO DO WITH IT?

[英] 乔·博勒（Jo Boaler） 著 李佳蔚 译

数学原来可以这样学

思维养成篇

湖南科学技术出版社 博集天卷 CS-BOOKY
·长沙·

著作权合同登记号：字 18-2024-327

图书在版编目（CIP）数据

数学原来可以这样学 . 思维养成篇 /（英）乔 · 博勒著；李佳蔚译 . -- 长沙：湖南科学技术出版社，2025. 3. -- ISBN 978-7-5710-3434-4

I. O1-49

中国国家版本馆 CIP 数据核字第 2025M4S950 号

上架建议：数学 · 青少读物

SHUXUE YUANLAI KEYI ZHEYANG XUE. SIWEI YANGCHENG PIAN

数学原来可以这样学 . 思维养成篇

著　　者：［英］乔 · 博勒
译　　者：李佳蔚
出 版 人：潘晓山
责任编辑：刘　竞
监　　制：邢越超
策划编辑：李彩萍
特约编辑：彭诗雨
版权支持：王立萌
营销支持：周　茜
封面设计：梁秋晨
版式设计：马睿君
内文排版：百朗文化
出　　版：湖南科学技术出版社
（湖南省长沙市芙蓉中路 416 号　邮编：410008）
网　　址：www.hnstp.com
印　　刷：三河市天润建兴印务有限公司
经　　销：新华书店
开　　本：680 mm × 955 mm　1/16
字　　数：213 千字
印　　张：16
版　　次：2025 年 3 月第 1 版
印　　次：2025 年 3 月第 1 次印刷
书　　号：ISBN 978-7-5710-3434-4
定　　价：45.00 元

若有质量问题，请致电质量监督电话：010-59096394
团购电话：010-59320018

目 录 CONTENTS

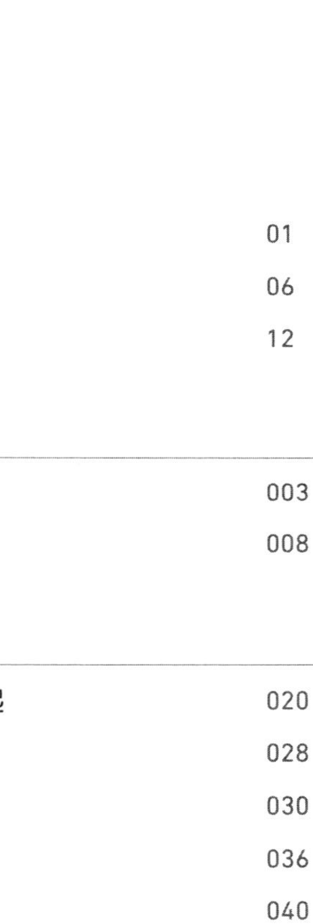

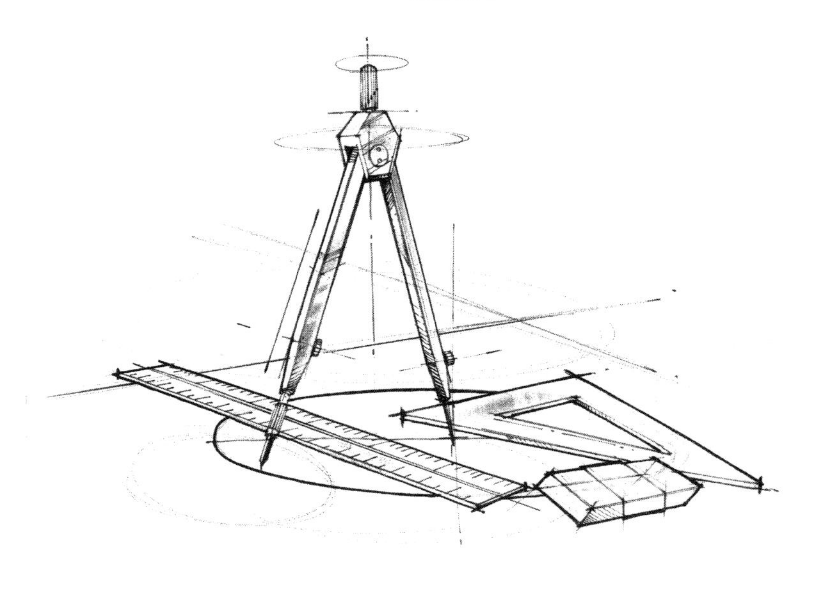

教育改革，迫在眉睫

前些年，我在加利福尼亚体验了一堂至今难忘的数学课。在此之前就有很多人推荐我去听这门课，希望我感受一下这位老师独特的课堂氛围，因此，我对这堂课期待颇高。

到了教室门口，我轻轻敲了几下门，里面的学生似乎都在认真听课，没人注意到我，于是我径自打开门走了进去，悄悄坐在角落。这堂课的老师叫埃米莉·莫斯卡姆，她的课并不像其他数学课那样死气沉沉，教室里高高瘦瘦的男孩子们都站在前排有说有笑，讨论着一道数学题。其中一个男孩子兴致高涨，一边在教室来回踱步，一边解释着他的解题思路。阳光透过窗户洒在师生身上，竟像舞台剧那样唯美。

埃米莉看到我到来，轻轻朝我的方向点头示意，然而也就只有埃米莉看到我而已，其他学生都没发现我的存在，他们都聚精会神地看着黑板上的数学难题：一个滑板运动员从运行中的圆形旋转平台上松手脱离，再滑向对面的缓冲墙面，这个过程需要多长时间？这个问题并不简单，涉及的概念甚至是高等数学中的内容。虽然大家都不知道答案，但都积极建言献策。上一个发言的男生刚坐下，又有三个女孩子在他的设想上继续提供解题思路。坐在后面的高个子运动风男生瑞安向台上的同学发问：“你们打算通过什么方法得到最终结果？”她们解释，首先要计算滑板运动员的速度，再找出旋转平台到缓冲墙面的距离。于是，大家的思维节奏也变得紧凑而活跃。陆续又有学生上台分享自己的解题思路，有时上来一个人，有时上来几个人。

用了不到 10 分钟，大家就运用三角函数和平面几何的知识，并结合相似三角形和切线原理解出了这道难题。每位同学就像机器里充分磨合的齿轮，带动整个课堂高速运转，通过解题思路的碰撞得出了最终结果。题目虽难，但这些同学的表现实在令人震撼。（这道题的原文和完整解题思路，以及其他文中出现的数学题目，可以查询本书的附录。）

这堂课与传统数学课堂很不一样，学生做题并非由老师带领，而是靠学生自己完成的。在课堂上，大部分同学都能对难题贡献一份才智，并且对自己的贡献感到兴奋和自豪。当有同学发言时，其他人会认真倾听，并在此基础上进行建设性的补充。

关于数学教学方式，教学界有两种观点：传统教育学派认为，数学教学就是老师传授方法，学生全然接收，然后做题，没有发言的份；新式教育学派认为，学生应该更多地参与其中，包括通过讨论自己解题以及多关注实际生活中的数学问题。传统教育学派担心新式教育以学生为中心，很容易把标准的数学解题方法抛在脑后，从而弱化了数学正确性，甚至牺牲了高水平的数学教学。但埃米莉的数学课似乎能解决数学界两派的纷争，比如课堂上的学生都能熟练地掌握高等数学，并在实际问题中准确地应用起来。与此同时，学生在课堂上都能积极参与，面对问题时有提出解决方案的信心。这堂课的成功之处在于给学生提供了兼具趣味性和挑战性的数学问题，并在课堂上给学生独自思考的时间，也给他们相互交流的时间。所以下课学生离开教室的时候，其中一个男生开心地说道："我喜欢这种课。"他朋友也连连点头。

只可惜像这样的课堂并不多见，这也是美国数学教育中存在的重要问题。大多数数学课堂并不鼓励学生主动思考，只要求他们整整齐齐地坐在座位上听老师讲课就行。老师提供的解题思路，学生或许不理解，也不想去理解。在美国，很多孩子讨厌数学，甚至看到数学就头疼、焦虑，数学在他们心中就是一道挥之不去的阴影。

这导致很多学生数学成绩不佳，也导致在数学领域继续深造的人越来越少，这对未来的医学、科学和技术发展来说都是莫大的损失。以下事实都说明了这一点：

- 在最近的一项包括 40 国的国际性数学水平评估中，美国只排在第 28 位。再加上教育支出的考量，美国的数学教育投产比直接排在了最后一名。
- 学生对数学的兴趣正在下降。例如，我在斯坦福大学任教八年，在过去十年里，每年 1470 名学生中有大约 16 名学生选择数学专业。而现在的四年制大学中，同一时期选择数学专业的学生人数下降了 19%。
- 与此同时，数学人才中外来人口的数量越来越多。在工程学、数学和信息科学领域中，非美国籍公民占据了 44% 的硕士学位和 35% 的学士学位。

还记得 1989 年 9 月，美国各州在弗吉尼亚州夏洛茨维尔定下新世纪的教育图景：到 21 世纪，美国下一代的数学和科研水平将位居世界前列。二十年后的现在，美国在这个领域竟然成了垫底的国家。

当代孩子不管是数学成绩还是对数学的兴趣都非常低下，但数学的阴影波及的不仅仅是学生。由于在学校时就被数学打击过，因此成年人也普遍讨厌数学，并在生活中尽可能避免在数学上动脑子。然而，随着社会技术的发展，人要适应社会工作和生活，就要具备基本的数学推理能力。现在，想让美国人爱上数学，还得完成一项任务，就是让他们忘记对数学的恐惧，真正了解数学本身，而不是被学生时代留下的印象所影响。

当我告诉别人我是数学教育方面的研究人员时，他们常常面露难色，表示打死也不想再学数学。听到这些我总是感到遗憾，他们大概有过非常不好的数学体验吧。最近，我跟一些初入职场的年轻人交流，他们表示在学生时代并不喜欢数学，但在工作中，这些人竟然发现数学其实是很有意思的工具。有些人甚至会在业余时间找数学题来做。他们无法理解，为什么学校课堂上呈现出来的数学会那么令人不悦。

大众对数学的厌恶感在流行文化中也有表现，比如《辛普森一家》的某一集中，巴特 · 辛普森在期末时把全新的数学教科书还给老师，甚至连塑封都没拆。或许在 1992 年，这种数学厌恶感就已经在学生一代中引起了强烈共鸣。

当第一代会说话的“万人迷”芭比面世的时候，她的第一句话便是：“数学太难了吧！”其在刚上架的时候就引发了数学老师和女权主义者的抗议，最终，她在强烈的舆论谴责声中被迫下架。但要追究，这也不是芭比品牌商的一己之言，而是购买芭比的小孩们的共同心声。芭比娃娃和《辛普森一家》其实不是偶发个例：2005 年，美联社和美国在线的一项新闻调查显示，高达四分之一的美国成年人表示他们在学校期间讨厌数学，而且讨厌数学的人数是讨厌其他学科人数的两倍。

然而，在厌恶数学的大背景下，我们还是能发现数学在流行文化中的潜力。不少电影把镜头对准了数学家的生活，比如《美丽心灵》、《心灵捕手》和《证明我爱你》，这些电影都是票房不错的大片；电视剧《数字追凶》第一季大火，积累了一大批忠实观众；在书籍方面，《费马大定理》和《圆周率》等都是畅销书。而古老的数学游戏“数独”最近也在美国大火。数独的任务是把 1 到 9 填满 3×3 的九宫格，数字 1 到 9 每行每列只出现一次，并且行列相加之和都要相等。无论是上班还是下班，甚至在工作的时候，都能看到有人聚精会神地对着纸上的九宫格钻研。而数独正需要动用基础而经典的数学思维——逻辑思考。

这反映了一种割裂的现象：在学校，大家讨厌数学；但在生活、工作和娱乐中，大家又在享受数学。大多数美国人看待数学有两面性：一方面，数学是课堂上令人费解且乏味的功课；另一方面，数学在生活中又是极具内涵的思考工具，能够激发无限的探索欲。

而现在，我们的任务是引导当代学生从后一种角度看待数学，激发大家的自主性，用数学帮助下一代重获竞争力。

工作和生活中的数学

社会学家预计，到2008年，美国将产生2000万个与数学相关的就业岗位。但不幸的是，据估计，在21世纪初，60%的新工作岗位门槛都不低，在当下的劳动力中，仅有20%的人可以胜任这类工作。那么，为应对社会发展趋势，年轻人需要掌握怎样的数学能力呢？

英国菲利普斯实验室负责人雷·皮科克是业界颇有名气的企业操盘手，他曾对未来职业所需的几方面能力发表过一些观点：

“很多人认为，拥有知识的人才是我们想要的，我不同意，因为当今世界，知识的时效性已经非常短了。我们招聘员工，不是为了他们脑子里的知识储备，而是希望他们能做实事、解决实际工作中的问题，这些都是书本以外的技能。我需要的是他们灵活运用知识的能力以及持续学习的能力，还有团队协作能力。而在团队协作中，沟通能力是重要的一环……现在的工作不是45分钟干完就能拍屁股走人的，而是需要持续一整天甚至三个星期的时间，坚持不下去的人就会被淘汰。因此，未来的人才需要具备灵活性、团队协作力、沟通能力和坚持不懈的品质。”

重视问题解决能力和灵活运用知识能力的企业不在少数。调查显示，制造业、信息技术和其他技术行业，都需要具备统计能力、空间想象力、系统思维力和估算能力的年轻人才。这些人才在岗位上面临文书、沟通和动手实操等多方面的工作，还要对工作中的专业信息进行转译和直观呈现，在工作出现问题的时候，还要懂得独立解决问题。

数学应用思维不仅是未来工作岗位所需的重要能力，也是生活中重要的生存技巧。新泽西州立罗格斯大学教育心理学教授福曼和数学荣誉教授斯蒂恩在 1999 年就提出，当今人们面对的信息包含着大量的定量信息（如财政预算、利润、通货膨胀、全球变暖、极端天气发生的概率等），并且这些信息还是用数学语言（如各项图表和百分数）呈现出来的。无论是网上冲浪、解读病例、开药吃药，还是看新闻时事、管理财务、参政议政，在接下来的时代里，数学能力都是最基本的思考能力。

但上述技能需要的都不是我们在课堂上学习的那种数学能力。生活中的数学能力不是死记硬背，而是能通过推理和分析，在各种情境下灵活调整标准方法，解决实际问题。甚至有人称，数学中体现的逻辑思维能力是一种新型的公民权利，可见数学在当代社会的重要性。新一代独立思考的青年，如果想真正掌控自己的公民权利，就得掌握数学推理能力：逻辑思考、数据对比、分析论证和运用数据进行论证。《商业周刊》就曾断言“世界正在进入数字时代”（2006 年 1 月 23 日）。在这种趋势下，数学教育需要赶上来，不仅是为了让学生体验数学的真实用处，也是为了提高未来劳动力的素质，更是帮助我们的下一代更好地适应未来的生活。

数学在工程应用类岗位中影响最大，这类岗位的准入门槛便是高水平的数学应用能力。加利福尼亚州立大学中等教育学专家朱莉 · 盖恩斯伯格曾深入结构工程师的工作岗位，进行了超过 70 小时的研究，她发现尽管这些工程师在工作中高频使用数学，但很少用得上标准方法和程序。

举个例子，他们需要解读和转译接到的需求（如停车场设计或墙体支撑），然后建立一个简化模型，再将数学方法应用到这个模型当中。在这个过程中，他们要不断选择和调试，让数学方法适配工作模型（如在工作中使用各种图表、释义、方程、图示和数据表格），并证明和传达他们的方法和结果。因此，工程师需要足够灵活，让理论适应现实。尽管偶尔能遇到用标准数学公式就能解决的任务，但这种情况非常少，工程师们处理的通常是"结构不明确，也无标准结果"的问题。

正如盖恩斯伯格教授所写："结构工程师的一大工作内容便是识别和定义问题，将其转化为可解的形式；在多种可能性中动态选择和调整数学方法，甚至需要发明新方法。工程师们早已习惯为一项需求提供多种解决方案，在实际工作中往往受多方利益牵制，所以最终选择的很少是理想中的最优方案。"

盖恩斯伯格的研究结果在其他需要数学能力的工作中同样得到体现，如设计领域、科技领域和医学研究领域的工作。她的结论是：传统 K-12 数学教育注重数学运算，这是执行工作，并不能帮助学生建立起问题解决能力，而这是在未来高新科技工作领域中所需要的最基本的能力。

伦敦大学数学教育学教授西莉亚 · 霍伊尔斯和理查德 · 诺斯对工程技术、医疗护理和金融领域中的数学应用进行了分析。以护理领域为例，在药理计算和给药场景下，护士们常用到"比例"这一数学概念。毕竟人命关天，用药比例的计算必须非常精确。研究人员发现，各工种的护士在用药剂量上都需接受工作培训，这便是他们的"金科玉律"：

所需有效成分的量 / 单位剂量所含有效成分的量 ×
单位剂量 = 用药量

举个例子，如果医生为病人开了 300 mg 的药品，此药品是每支 2 mL 的规格，每支含 120 mg 有效成分，那么要为病人准备的药物量为 300 mg / 120 mg × 2 mL，即 5 mL。

霍伊尔斯发现，所有护士对这套公式都熟记于心，但在实际工作中，他们自己早已总结出一套工作方法，甚至比这种正规公式更好用。护士会根据药品形态和规格用不同方式进行计算，且保证计算无误。其中一种方式叫“分块处理”：护士一方面将药品的各种标准包装进行拆分和重组，另一方面对所需用药量进行计算。

而护士日常接触的药品和病人类型不同，他们的分药策略也有很大区别，比如自己常负责的药品，它们的包装特点是什么，这些药通常都是什么规格，以及在此岗位积累的临床知识和患者特点，都会影响分药方式。因此，工作规定和工作环境都会影响数学方法在实际工作中的运用。

此外，在日常生活中，大家在应用数学时也有类似特点。研究发现，当代成年人在生活中能熟练地用数学解决问题，但这些生活智慧大多不是来自学生时代的课堂。比如去超市购物或在网上凑单，我们很少会想起数学课里的公式，而是在实际条件下想办法。

加利福尼亚大学伯克利分校的教育学教授让 · 莱夫发现，购物者在做消费决策的时候常用自己总结的“野路子办法”，而不是正儿八经的数学公式，控制饮食的人也不会用教科书里正儿八经的公式计算每餐食物的摄入量。比如，冰箱里还剩 2 / 3 芝士，如果要再吃掉其中的 3 / 4，他大概率不会用标准的公式计算得出今日的摄入量，而是将杯里的芝士全倒在一个计量板上，压成一个圆形，横竖一切分成 4 等份，取出 3 份作为今日的摄入量。像这样的例子还有很多，但没有一个方法是从数学课里学来的。

人们在生活中所用的数学方法并没有什么特别的，都是在特定场景下冒出的解决方法。作为离开应试教育的成年人，我们很少在使用数学之前先去书里查找能应用的公式。擅长数学的人在面对问题的时候，会自然而然地拾起合适的数学原理进行灵活运用。

当今的数学课堂与社会生活严重脱节，导致学生毕业后，在面对生活和工作中的数学问题时还是脑袋空空。还在学校的时候，学生们潜意识里也会这么想：学习数学只是为了应付老师，对往后的生活毫无影响。随着他们长大，这种错误思想的影响将会越来越大。

在一项调查里，我分别采访了接受传统数学教育和应用导向教育的学生，了解他们在勤工俭学的工作中是怎样应用数学的。所有接受传统教育的学生承认在课外他们需要数学，但绝不是老师教的那种数学。在他们眼里，数学课堂和生活之间有一条明显的“三八线”，相互没有关系。而接受应用导向教育的学生并没有严格区分数学课堂和工作中的数学，他们随随便便就能举出几个在生活和工作中用到的数学方法，而这些是在课堂上学的。

2004 年，在 39 个国家间的数学竞赛中，美国排在第 29 位，并没有垫底。这表明如果在教学过程中注重解决实际问题，那么孩子不仅能提高解决问题的能力，还能提高成绩。在应试方面，应用导向教学并不比传统教学差，甚至更好。

教学方式的选择和数学学科发展有什么关系呢？在心理层面，我们需要改变孩子因在课堂上频繁受挫而产生的不自信；在课程设置层面，我们需要充实课堂内容，改变孩子对数学课不感兴趣的情况；在国家发展层面，我们也亟须为社会输送优秀的数学人才，使国家在科学、医学、技术发明等领域得到发展。关于数学教育，有许多问题尚待解答，本书将为家长和老师提供一些学习数学的新思路，从而让孩子能够快乐学习，同时让整个国家的数学竞争力也能得到提升。

正因为如此，在数学课堂和家庭教育之中，我们都亟须把真正的数学展现出来。但我必须澄清，理想的教育方式并不能单纯定义为“传统”的或“新派”的，传统和新派都是一种数学学习思路，没有优劣之分。如果能将这两种教育方式应用在合适的场景下，就能发挥更好的效果。在合适的教育方式下，孩子们既能解决应用难题，敢于对生活中各种数学现象进行发问，也能熟练使用、灵活应用标准方法，甚至有能力优化常规标准，将不同的方法联系起来解决问题，这就是我认为的理想教育方式。在这种教育下，孩子能自然而然地把课堂上的思考延伸至课外。

不过，让我们暂时回到本文开头，回到埃米莉老师的课堂。埃米莉所在的学校是一所公立高中，这堂课是学校做的一次教育改革实验：在数学课里，学生可以选择传统的上课方式或应用导向的上课方式。当我邀请另一位斯坦福大学高级教授旁听埃米莉的课时，他也给予了高度的评价。事实上，埃米莉老师本人也因自己优秀的教学方式而屡获嘉奖，她的很多学生在日后也选择了数学专业。

非常可惜的是，埃米莉的数学课刚开不久就被叫停了。有一小部分家长发起抗议，认为正经的数学课堂就应该使用传统的教学方式，学生就该乖乖坐在座位上听老师讲课，不要做那种考试不会考的数学应用题。从此以后，格林代尔中学的数学课堂“改过自新”，重回 20 世纪 50 年代的课堂：老师站在黑板前带领学生解题，学生默默听课，静静做题。初具成效的应用导向教学已不复存在了。

我们应该如何使用这本书?

我所进行的数学教育研究是一项长时间的纵向研究。关于教学方法的纵向研究并不多见，一般研究都是在一个时间点上观察教学方法和学习行为的。而我在担任英国萨塞克斯大学居里夫人基金会的数学教育教授和加利福尼亚斯坦福大学的教育学教授期间，我的研究覆盖美国和英国上万名学生样本，我从初中跟踪他们到高中，观察他们的学习状况，再看多年后他们的发展。

我把研究重点放在学生的学习行为上，观察课堂上哪些因素能促进孩子们的学习，哪些不能。2005 年暑假，我与研究生们在一所中学的数学暑期班任教。这个班级属于后进班，大部分人对数学不感兴趣，成绩基本上是 D 或 F。在学期初，没几个人想来上课，可到最后学生们都爱上了数学。他们表示，这门课改变了他们对数学的看法。

比如，一个男生说:“如果整个学期都这样上课的话，我愿意学一整天。”另一个女生也说:“之前的数学课无聊死了，现在有意思多了。”我们并没有用什么革命性的教学方法，只是用谜题的方式给孩子们讲代数和四则运算。比如下面这个象棋棋盘问题:

一个 8×8 的象棋棋盘上，有多少个正方形？
（提示：答案不止 64 个！详见附录。）

成功的教学方法值得推广。大多数人会认为，数学成绩好的孩子之所以懂得活用各种策略，是因为他们有“数学细胞”，但大家错了。其实，这是因为他们有个好老师、好榜样，或拥有良好的学习氛围，从而使他们逐渐把数学策略内化于心了。在这本书里，我将把这些策略一一教给大家。

这本书基于对数千名儿童的追踪研究，指出了美国当代学生的学习问题，并给大家提供部分解决方案。

我理解部分家长的顾虑，这些家长可能从小数学成绩就不好，认为自己没有能力帮孩子学数学，特别是高中数学。其实，在家学数学并不需要多么高深的数学知识，需要的只是方法，我在本书中会一一分享。

除了家长，学校也亟须进行教学改革。本书也会帮家长摸清学校的体制架构，从而促进学校改变教学方式。如果能改变学生接收数学知识的方式，我相信喜欢数学、擅长数学的人会越来越多。希望这本书能让有数学阴影的人重获信心和希望，让数学学习者有更开阔的思维，让教育工作者们给孩子上一堂生动有趣的数学课。

第1章

数学是什么？
我们为什么需要数学？

“你觉得数学是什么？”我在研究学习行为时，经常会问学生这个问题。接受传统教育的孩子会回答：“数学就是数字运算”“各种公式”等等。如果问的是数学家，他们眼里的数学则是“规律的研究”“关系的研究”。而采访到其他学科的定义，如英语和科学，孩子们的描述和专业研究者的观点则不会相差太远。为什么唯独数学有如此大的差异呢？为什么孩子们对数学这门学科会存在这么大的认识误区？

哲学家兼数学家鲁本·赫什著有《数学的本质》一书，他在书中探讨了数学的本质，并提出了一个重要观点：人们不喜欢数学是因为老师的误导。学校给美国学生呈现的数学，是一门贫瘠单调的学科，与生活、工作，甚至是象牙塔里的数学研究都没有什么关系。

数学到底是什么？

数学是一种人类活动，一种社会行为，一套用来认识世界的方法，同时也是一个文明中的一部分。在丹·布朗的畅销小说《达·芬奇密码》中，作者提到了“黄金比例”这一概念，用希腊字母 φ 表示。这个比例早在 1202 年就由数学家斐波那契提出。他在进行兔子问题研究时，发现了这个有趣的问题：

将两只兔子放在四周有围栏的窝里养殖，假设每个月每对兔子都会生出一对小兔子，小兔子从出生第二个月开始具备生育能力，那么一年后，窝里能产出多少对兔子？

斐波那契将每个月的兔子数依次列出，后世将其称为“斐波那契数列”：

$$1, 1, 2, 3, 5, 8, 13, \cdots$$

随着数列中的数字逐级递推，如果将每个数字除以前一个数字，得到的比值逐渐趋近于 1.618，也被称为 φ 或黄金分割。然而这个比例却不是个例或偶然，在自然界中其实大量存在。比如，向日葵的种子以螺旋形排列生长，比例恰好是 1.618∶1。还有贝壳、松果和菠萝中的螺旋比例也是 1.618∶1。再比如，仔细观察下图中的雏菊，你会发现花蕊排列是由两个方向的螺旋构成，一个向左弯曲，一个向右弯曲。

而左右两个方向的螺旋里，靠花蕊的位置有 21 条逆时针螺旋。再看外圈，有 34 条顺时针螺旋。这两个数字正好是斐波那契数列中第 8 项和第 9 项。

雏菊上 21 条逆时针螺旋

雏菊上 34 条顺时针螺旋

令人拍案叫绝的是，黄金分割同样出现在人体中。比如，一个人身高与其脚趾到肚脐的高度之比也是 1.618∶1，肩膀到指尖的距离与肘部到指尖的距离之比也是黄金分割。这个比例关系看起来特别舒服，因此也广泛出现在艺术和建筑领域，在联合国大楼、希腊的帕特农神庙和埃及金字塔中都有它的身影。

关于黄金分割 ϕ 的故事，我相信大多数初高中生听都没有听过。当然，这不是孩子的问题，是因为老师没跟他们讲过。数学揭示了大自然中的各种关系，同时也是通过数字、图形、符号、词语和图示的方式来表达关系和思想的工具。然而，大多数孩子都没有利用好数学这一神奇的“魔法”。

而真正了解数学本质的孩子则非常幸运，这在无形之中塑造了他们的一生。《纽约时报》的科学栏目记者玛格丽特·沃特海姆回忆起童年时代在澳大利亚上的数学课，数学课堂和老师改变了她看待世界的方式：

“十岁的时候，我有过一次印象深刻的学习体验。在那堂数学课上，我们在学习圆这个图形。尊敬的马歇尔老先生，他让我们从生活中寻找这个独特的图形以及 π。几乎所有的圆都可以用 π 来表示。上了这堂课以后，我感觉宇宙中的一份巨大的宝藏展现在我眼前。无论在哪儿，我都能看到圆，都能感觉到 π 的存在。

“它是太阳、月亮和地球的形状；它在蘑菇里、向日葵里、橙子里和珍珠里；在车轮里、钟面里、陶盘里和电话拨号盘里。π 串联着万物却超越了万物。这激发了我无尽的探索欲，仿佛有人为我掀起了全新世界的门帘，让我看到从未触及的奇妙景象。从那天起，我就决定：用数学寻找藏在生活中的秘密。”

看看沃特海姆，再看看当今数学课下的孩子，有谁会以这种方式形容数学呢？为什么现在的孩子对数学不感兴趣，不会被数学的独特观察角度所折服，不会感叹它所揭示的关系和规律呢？因为在学校的数学课上，他们眼里的数学并不精彩，他们也没有机会体验真正的数学。大多数学生会说数学是一堆要死记硬背的法则和公式。在他们的描述里，数学往往集中在“计算”这件偏向实操的事情上。然而，数学家并不是“计算家”，计算并不是他们工作的核心。在数学家眼里，数学更是对模式和规律的研究。

《数学基因》的作者基斯·德夫林袒露，上小学的时候自己本不爱学数学，到了高中，因为偶然的机会拜读了 W.W. 索耶的《数学的前奏》，结果被深深地吸引住了，在那时候，他就梦想成为一名数学家。在《数学基因》中，德夫林摘取了索耶的一段话：

“‘数学是对世间一切模式的研究。’这里使用的‘模式’一词，是指所有领域中的模式。我们应该以更广阔的视角来理解‘模式’一词，因为它几乎涵盖了人类思维所能触及的任何一种规律，这点非常重要。人类社会之所以存在，是因为人类掌握了世界上存在的部分规律。一只鸟只能辨认出黄黑相间的黄蜂是它的食物，而人却有能力掌握种子从播种到发芽再到生长壮大这一现象的规律和联系。所有思考，都表明人类思维感知到了‘模式’的存在。”

德夫林因为偶然的机会读到索耶的书，他是幸运的。但数学的发展和延续，不能只靠全日制课程外的偶然事件，或那一小部分在偶然事件中顿悟的人。

美国学生如今数学成绩不佳、课堂参与度低下，而有效遏制这种现象的办法之一，就是让孩子们感知数学在生活中的本质。我们的每一个数学课堂，都应该做出这样的努力。

美国学生知道什么是英国文学和科学，因为他们在课堂上了解了这些学科的本质。那为什么对于数学做不到呢？

数学家们到底在研究什么？

费马大定理是由伟大的法国数学家皮埃尔·德·费马于 17 世纪 30 年代提出的一个定理。几个世纪以来，无数数学家付出了巨大努力想要证实或证伪这一定理，使得这个定理被称为“世界上最难被证实或证伪的数学问题”之一。在那个年代，费马因为提出过不少数字之间的奇妙关系而闻名于世，费马大定理就是其中之一。

在公元前 4—5 世纪，毕达哥拉斯发现 $a^2+b^2=c^2$（译者注：即毕达哥拉斯定理），而费马进一步推论，对于方程 $a^n+b^n=c^n$，如果 $n>2$，则方程没有整数解。比如，方程 $a^3+b^3=c^3$ 中的 a、b、c 不可能都是整数。老师通常在教三角形的时候介绍这个定理：所有直角三角形，两条直角边的平方和（a^2+b^2）等于斜边的平方（c^2）。

基于毕达哥拉斯定理，我们可以看出当直角三角形的两条边长分别为 3 和 4 时，斜边长必定为 5。因为 $3^2+4^2=5^2$。

根据毕达哥拉斯定理中的三个数的平方数（比如 4，9，16，25）的关系，我们可以由两个数的平方数，求得另外一个数。

费马受毕达哥拉斯定理的启发，想将该定理进一步延伸至三次方，研究立方数中的规律。他希望能证实在某些情况下，通过两个数的立方数能求得第三个数的立方数。但费马发现验证过程并不像平方数那么顺畅，他总凑不出一个大小刚好的完全立方数。和费马猜想最近的结果如图所示。

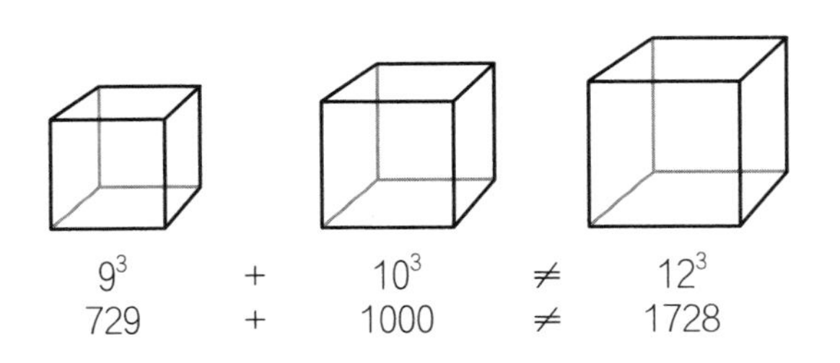

棱长为 9 和 10 的两个立方体的体积加起来最接近棱长为 12 的立方体的体积，但仍相差了 1！

于是，费马进一步断言，世界上的所有数字都不能满足 $a^3+b^3=c^3$ 或 $a^4+b^4=c^4$，甚至，更高次幂的方程也不存在能够满足的数字。

这在数学界属于非常大胆的猜想，因为在数学研究中，猜想本身不是证明，即便枚举成百上千个数字作为例子，只要无法穷尽，就不能确切证实或证伪。毕竟，数学就是由能够经受时间考验的证明建立而成。数学证明需要一系列逻辑论证，进而得出唯一的、确定的结果，一旦建立并证实，这些论证将永远是正确的。

费马在 17 世纪 30 年代写下了这个猜想，却没有留下证明，他在稿纸的空白处批注道："我已经有了一套绝妙的论证思路，只是这里位置不够，写不下。"此后，这项数学难题受到多代伟大数学家的关注，在接下来的 350 多年历史长河中，费马大定理始终没有得到圆满证实或证伪，也因此成为“世纪数学难题”之一。

出乎意料的是，在20世纪90年代，这一世纪难题被一位腼腆的英国数学家安德鲁·怀尔斯证实。多位传记作者讲述了他的成名逸事，但这项数学证明本身却少有人知道。如果你想看看这个世纪难题的解决过程，想了解历代数学家如何不懈追求真理，或是想体验纯粹的数学之美，都可以去读读西蒙·辛格的《费马大定理》一书。辛格在书中描述了这一“人类探索的伟大事迹”，对数学家的工作方式提出了重要见解。

在费马大定理被证实之前，学界大多数人认为这一难题无法证明，是无解的。全球各界为此设立丰厚的奖金，意在鼓励大家继续挑战，但一批又一批数学研究者努力半生，都无功而返。然而终于有位数学家——安德鲁·怀尔斯取得了成功。

这位被载入史册的数学家第一次接触费马大定理的时候，还是个10岁的孩子。他在自己剑桥老家的图书馆里看到了费马大定理。怀尔斯感慨道：“这个看起来如此简单的问题，却几个世纪都解不出来。我当时只有10岁，但从那一刻起，我就知道我绕不开这道题了，我必须解开。”

多年以后，怀尔斯从剑桥大学获得了数学博士学位，成为普林斯顿大学的一名数学系教师。随着工作的深入，怀尔斯意识到，自己应该把所有精力放在自己儿时就确定的目标——费马大定理上。

于是他放下了手头的工作，埋首于文献和最前沿的数学技术当中。七年又七年，怀尔斯用不同方法去证明费马大定理，以求解决的最优路径。终于在某天下午，经过反复验证，他高兴地跑出来叫喊着妻子的名字，自己终于解出费马大难题了。

1993年，怀尔斯在剑桥大学内的牛顿数学科学研究所公布了他的证明结果。当人们听到这一消息时，都想来看这350多年悬而未决的问题是如何解决的。当天的会场挤满了 200 多名数学家，甚至有人偷偷带来相机把这激动人心的场面记录下来。

被挡在门外的人则更多，他们宁愿在窗外翘首张望，也不愿错过这一历史时刻。怀尔斯用了三节讲座才把他的证明阐述完毕，最后一节结束时，会场响起了雷鸣般的掌声。

西蒙·辛格也在其中，他形容当时的参会者都“无比激动”，人们一时间还没来得及接受，这个世纪大难题终于被解决了吗？数论学家和代数几何学家巴里·梅热事后回顾这次讲座，他说：“我从来没看过这么精彩的演讲，我们跟着怀尔斯教授一同感受着思想的跌宕起伏，又见证他在绝境中诞生出的新颖思路。我认为这次讲座是费马大定理解题史上的点睛之笔。”

在大家都开始相信费马大定理终于得到证明之时，怀尔斯发现自己的证明有一个小疏漏，于是，他又开始埋头钻研。又经过数月的攻坚，1994 年 9 月，怀尔斯再次将完整且正确的证明材料公之于众。

为了证明费马大定理，怀尔斯运用了不同的理论和交叉概念，由此建立了全新的数学方法和数量关系。同样参与了费马大定理研究的数学家肯·里贝特认为，这是一次数学思想的革新，让我们在“不可能”的尺度做出了突破性研究。

怀尔斯的事迹被反复讲述多遍，从这些故事里，我们能否得到一些提升数学教育质量的启示呢？

比如，数学家的工作与学生的课业有一大明显区别，就是数学家面对的是复杂的问题，涉及横跨多领域的交叉思想，问题的解决必然是一项长期而艰巨的任务；但是学生们面对的，是刚好能填满一节课的简单数学题，使用单一的公式就能解决，学生只需要多练练这类题型，就会熟能生巧。这简直就是天与地的差距。

对年轻人而言，数学家攻克难题时的坚持不懈的精神，是非常宝贵的。面对工作和生活中的困境，如果年轻人能不轻言放弃、屡败屡战，那他们必然能从困境中获得成长。

曾有记者采访鲁特格斯大学数学系教授黛安娜·麦克拉根，记者问道："作为一名数学研究学者，你遇到的最棘手的事情是什么？"她回答："证明定理。"随后记者又问她工作中最享受的事是什么，结果她还是回答："证明定理。"也许，数学家的工作状态听起来并不具有吸引力，但他们之所以享受反复演算、反复修正的过程，是因为他们能不断调整心态，获得螺旋式上升的成就感。而学生们眼中的数学，是一道道做错就 0 分的考题，这一次次失败的感觉让学生把厌恶和逆反心理迁移到数学学科本身。这并不能怪学生，现在的数学课堂氛围，带来的往往就是挫败感。

而数学研究工作者成功的原因在于他们面对的不是考试和分数，他们不是在"做题"，而是在"解决问题"。这是多年数学研究经验赠予他们的宝贵观念，我相信这种观念当代学生也可以习得。

解决问题是数学家的工作核心，也是工程师的工作核心。数学工作都始于猜想。英籍匈牙利裔哲学家、数学家伊姆雷·拉卡托斯将数学工作描述为"关于数量和形状之间关系的计划性的猜想过程"。

习惯于传统数学课堂的学生也许会诧异，数学家怎么这么喜欢去"猜"呢？毕竟在数学课堂上，老师可没鼓励过大家猜一个答案出来。但英国的一项职场调查显示，工作中最有用的数学方法，竟然就是摸着石头过河的"估算"。如果让上传统数学课的孩子进行估算的话，他们会不知所措，所谓正确答案不都是精确且明确的吗？他们体会不到估算的意义在哪儿。于是这些学生做题的方式往往是本末倒置的，他们会先算出精确的数字，再把这个数字倒推至更模糊的范围，来表示估算值。这种思维反映了学生“猜想”意识的缺失，认为数学的求真过程是追求精确的数值，但解决数学问题，不断猜想和证实才是核心所在。

提出猜想后，接下来就是反复迭代的验证工作，包括正向推论、寻找反例进行验证和修正猜想，再进行下一轮验证。验证猜想的过程，是极具探索性和创造性的，有人将科学研究与艺术或音乐创作进行过类比。英国数学家罗宾·威尔逊认为，数学和音乐“都是创造性的行为。埋头在数学草稿纸里写写画画，非常像在五线谱里创作着旋律”。基斯·德夫林也认为：“数学绝不仅仅是在解决数字问题，也是在解决生活问题。数学是在探索我们所处世界的奥妙之处。很多人说‘数学很沉闷’‘数学很死板’，但我不这么认为，在我看来，数学充满了创造的活力。”

不管是在数学家的传记还是在数学课堂中，由于篇幅等的限制，数学工作者所享受的创造性探索过程都被大幅省略或一笔带过，只给大众呈现结果。数学家们反复探索、不断迭代的过程难以让学生在课堂上逐一体验。毕竟学习数学的目的，就是利用前人总结出的研究方法，解决更多数学问题。前人探索的道路我们不必原封不动再走一次，但这种探索的过程仍然有其不可替代的价值，我不希望它们在孩子的课堂中成为被一笔带过的内容。这与匈牙利数学家乔治·波利亚的观点如出一辙：

“在教育阶段，老师的教学内容对学生的学习效果有重大的影响：如果老师按部就班给孩子灌输数学知识和公式，这样无疑扼杀了学生的兴趣，阻碍了他们的智力发展，浪费了初识数学时，探索数学之美的大好机会。要利用各种值得玩味的数学题来激发孩子们的好奇心，让孩子们用已经学到的知识来解决这些问题，并引发思考，这样，老师的教学才会帮助孩子们逐渐建立起独立思考的能力。”

数学工作的另一大特点就是合作性。在大家的认知里，数学家就是一群埋头单干的孤僻天才，其实不是。英国数学教育学专家莱昂内·伯顿曾对70位数学工作者进行深度调研，发现他们的工作性质与大家的刻板印象完全不同。数学工作者的研究成果，有超过一半是多人合力而成。这些数学家往往更喜欢在有交流的工作中相互碰撞出各种新的解决方案，原因多种多样：在工作中能相互学习、提升工作效率以及分享研究取得突破的喜悦之情。这些合作的理由，也是教育学家提倡进行课堂小组合作的理由。可惜在当下，美国课堂还是“静悄悄”的。

在数学家的工作过程中，我们还看到，想让数学重获生机、接地气，就得学会提出问题。人物传记电影《美丽心灵》中，饱受精神分裂困扰的约翰·纳什就在数学研究和传奇的心灵旅程中找到了自己的人生答案。

数学不只是解决问题。一位代数拓扑学家彼得·希尔顿说：“运算思维能让问题得到答案，而数学思维能从答案中诞生新的问题和研究方向。”这样的工作需要创造力和独创精神。

反观现在课堂上学习的数学方法和数量关系，都源于“问题”，而学生却没有机会接触到这些问题的由来，只是直接学习“答案”，并且从来没有向这些问题和答案提出疑问。鲁本·赫什的话似乎总结了这种现象：

“当今的数学教育现状，均源于把数学看作‘答案’而非‘问题’。这是被动学习数学的人才会犯的错误。推动数学发展的其实是一个个问题，而解决问题、再提出新问题才是数学研究的本质。如果将数学放置在象牙塔中，使其远离生活，那么数学就是一门死的学科，毫无发展的生机。”

而老师则要给学生们传达一种信息：数学与生活和社会发展息息相关。当学生有机会在生活中发问，并把问题延伸到新的学习方向，他们才能知道，数学是“活着的”，而不是教科书上那些已经被数学家规定好的概念、方法和必背考点。当老师能为学生提供他们感兴趣的问题，并把问题延伸到新的知识点，学生就能从中感受到思考的乐趣，提高学习自主性，从而自发学习。

比如英国的数学课堂，老师为学生提供相对开放且议题更大的问题，让学生找到自己感兴趣的方向并进行独立探究。比如，设计一套建筑方案。在这种学习模式下，学生有机会经历从提出问题到获得答案的思考过程，甚至自发探索习得更高年级的数学概念。此外，学生的作品就是他们的学习成果，纳入成绩考核范围。当问及学生们的学习感想时，他们的回答不仅是“非常喜欢”或“收获很多”，让我印象深刻的是他们在此过程中的“自我效能感”，他们为自己的学习成果感到自豪。而在传统的教学方法中，他们是没有这种自豪感的。

数学家手上还有一个强大的工具，就是数学中的表达形式，比如符号、表格、图表和图示。在不同场景下精确使用这些表达形式，已成为他们的日常工作。在这里，我要聊聊数学表达的精确性。精确性已成为数学的一大标志，但在学习过程中，学生对这种精确性褒贬不一：对一些学生来说，严谨、精确的概念界定、写法和沟通方式能帮助他们理解和学习；但对另一些学生来说，老师在枯燥乏味的课堂上讲的就是这些学究气的、死板的概念，所以学生就在严谨和枯燥之间画了一个等号。

其实数学的精确性和机械的教学方法并不一定对等。严谨地使用术语和符号，并不意味着数学排斥开放和创造性的探索。相反，正是有了这些明确、精确的语言、符号和图表表达形式，数学工作者才得以放开交流和探索这些数学思想。

诗人和艺术家使用的符号和隐喻常常如脱缰的野马般恣肆奔放，相比之下，数学家是利用精确的表达方式来揭示生活中的规律的。基斯·德夫林感叹道：

“数学符号和音乐符号一样，音符组成乐谱，但乐谱并不等同于音乐。当乐谱被歌唱家唱出来或被乐队奏响，才有了‘音乐’。音乐在演奏中才有了生命；音乐不存在于乐谱上，而在人们的感官里。数学符号与数学的关系也是如此。”

如此看来，数学也是一种“表演”，一种科学的行为艺术，一种诠释世界奥秘的方式。如果音乐课也像数学课那样进行传统式教育，那上课的情形将会是这样的：课堂上，老师要求学生熟读纸上的乐谱，在乐谱里打钩打叉，以学好音乐之名，反复打磨乐谱上的音符。可惜，学生从来没有机会把自己的乐谱演奏出来。这种课似乎不太值得上下去，因为学生根本体会不到音乐的本质。但在数学课堂里，这种荒谬的教学方法却沿袭下来。

懂得“演奏”数学符号，就能用精妙的表现形式在数学的舞台上大展拳脚。而学生也不应该成天对着前人留下的方法死记硬背，他们需要参与数学方法的研究过程，在学习中实践、在生活中解决问题，利用数学知识“演奏”出自己的精彩篇章。如果他们在课堂里没学会应用数学，那么在其他领域也会过得很艰难，即便是为了考试，也很难有好成绩。

传统教育方式的错误思想在于，期待学生寒窗苦读十几年，若是在数学领域深造的话，自然能接触到真正的数学。诚然，研究生阶段的确能接触到数学的实际应用，因为课业要求他们利用从前学到的数学工具，用创新的方式解决实际问题。但事实上，能把数学读到研究生阶段的人可谓凤毛麟角，基础教育中的大部分学生早已放弃了数学学习。

如果一种教育模式要把学科的精华放在最后，经过一番大浪淘沙的尖子生才能尝到最后的甜头，那么这种教育模式就是在暴殄天物。如果基础教育中的学生能有机会用数学家的方式进行数学研究，包括提出问题，做出猜想，验证和完善猜想，从小组讨论中碰撞出新的火花，那么这已然达到了教育的一大重要目标：让学生体验数学真正的运作方式。除此之外，学生还有可能享受数学思考的过程，学习起来也更加高质、高效。

第2章

数学课堂错在哪儿了？发现数学教育中的问题

从一场耐人寻味的家长会说起

搬到美国加州以后，我发现了一个颇有意思的现象——“数学战争”。教学方法出现了两大流派：传统派和新式方法派。两个流派间常常火药味浓重，但这种斗争在我看来毫无意义。

数学战争原先只在加州燃起硝烟，后来甚至蔓延到了整个国家。深陷教育斗争里的人单纯为了拥护自己的教育信仰，把大量时间花在了拉帮结派和阵营斗争上。经过了多年的苦战和教育极端分子的霸凌，数学战争扼杀了教师在教学方法上精进的意愿，让真正优秀的教师无奈地退出了教育圈，教育改革更是无从说起。

讽刺的是，数学战争的争议点更多围绕在学区和学校采纳的课程大纲和教材上，而不是老师本身。高质量教材固然是学习的基础，但不止一项研究证明，影响教学效果的关键因素不是教材，而是老师。一个好老师，即便用了最差的教材也能唤起学生对数学的兴趣；相反，水平不高的老师不会因为课本质量优秀就能把数学教好。但数学战争有意淡化教学行为本身，忽略教师素质培养，强制规定老师按特定的课程进行教学。在这本书的开头，那位有优秀课堂表现的数学老师埃米莉·莫斯卡姆，现在已经离开了教学岗位。在引导孩子们爱数学、用数学上，她是我见过的水平最高的老师。可惜她也受不了数学战争导致的无效教学方式，她认为这些教科书扼杀了学生学习的欲望。在这种环境下继续做老师的话，她看不到前途和希望，所以无奈地放弃了老师这个职业。

在前些年的一场家长会上，我切身体会到了数学战争的“残酷”。当时我正在做教育相关的研究，想把格林代尔中学，就是埃米莉·莫斯卡姆老师所在的高中纳入我的研究里。正好学校要召开家长会讨论其数学课程，我就跑过去旁听了一下。

当我去到会场的时候，却发现这场家长会只有家长没有老师。本次会议的目的原本是让家长了解数学系的教学成果，但会议的主持人只有三位新生家长。她们一边接待参会的家长，一边派发文件。其中一位还跟我说，她们为了这场会议，花了一年时间准备和收集数据。那么她们精心准备的这场会议是干什么的呢？

之所以安排这次会议，是因为学校数学系认为，沿用多年的传统课本在现今教学中效果不是很好。于是他们停用了传统课本和教学方法，转为使用另外一套获过奖的教学模式，期待引导学生用数学思维去解决现实生活中的难题。而这种方式也初获成效：学生们对新课程频频称赞，越来越多的人喜欢上了数学，也有越来越多的人主动报名了高级课程；老师们也告诉我，他们自愿牺牲周末时间来研讨教学方法，并收到了学生的良好反馈，因此老师们都士气高涨。

就在这个时间点上，课程改革的动作被一些极端的传统教育者知道了。他们最不喜欢传统稳固的教育模式被质疑、被推翻，于是利用学生家长代为出面反对改革，因此才有了当晚主持会议的三名女性家长。

在第一次会议上，这三位主持人向到场的家长们疯狂灌输各种统计资料，而这些统计资料明显都是反对新式教育的。比如，新式教育导致学生成绩下降，长此以往你们的孩子就考不上大学。接着他们搬出了“数据支撑”：学生成绩下降的图表。其实这种图表并不难得到，毕竟在某个时间段出于某种原因，总能揪出一组成绩下降的学生，要是在坐标轴上稍做“加工”，原本细微下滑的图表在视觉上就有了成绩大跳水的效果；又或者把区区 10 名差生的成绩泛化成整个学生群体的成绩来营造焦虑，这也不失为一种方便有效的方法。总之，想要证明新式教育的失败，谁都能搬出像模像样的证据。

接下来，为了证明接受新式教育的学生没有资格上大学，她们又对众多名校进行电话采访。问的问题颇有指向性，比如，“如果一个学生在高中没上过正统数学课，在课堂上充其量只是聊聊天，你们会接收这种学生吗？”很多大学的回答自然是否定的，这些持否定态度的大学就被主持人记录在册，呈现给不知情的参会家长们。这些手法听起来或许有些卑劣，但她们做起来却不觉得有丝毫问题，因为在她们看来，这是一场“教育世界大战”。为了推广自己的教育理念，即便手段不那么光明正大也是可以接受的。

那天晚上，主持人还向家长“爆料”，暗指老师被课程改革的幕后黑手收买了。他们之所以积极推行教育改革，是因为个人利益。被冤枉的老师事后听闻，心碎不已。而家长们被轮番洗脑后，也是忧心忡忡，即便有些怀疑，但多少开始向教育改革投来不信任的目光。我则是诧异，学校居然允许召开这种离谱的家长会，但这一切仅仅只是开始而已。

又过了几个星期，部分懂得独立思考的家长向其他学校求证，得知别的学校也进行了教育改革，并且非常成功。于是他们开始怀疑在家长会上听到的信息不是真的。对于在会上听到的，“某某大学明确拒绝接收教育改革后的高中学生”，有些家长直接联系了该大学招生办求证。结果，招生办表示仅仅有人问了个奇怪的问题，诸如：“高中生学数学，只需要聊聊天，不需要上课，你会招收这种学生吗？”并没有被问到教育改革的问题。在这些被提到的大学里，斯坦福大学就被拿来当作反对教育改革的典型案例。其实近几年来，斯坦福大学招收的学生里就有不少是接受新式课程教育的。斯坦福大学得知这件事后，连忙发函澄清，声明在招生过程中并不会对新旧版本课程下的学生进行区别对待。可惜声明虽出，但谣言的影响力更大，负面影响已经造成了。

在那之后不久，我和一群研究生在学校附近的一家咖啡厅里聊起这件事。听到我们的聊天内容，一个女学生拉着她的妈妈走来问道：“你们在聊数学课程改革的事吗？课改以后我的前途都没了！”她妈妈补充道：“本想着课改后挺好的，结果还上不了大学了，这可怎么办呀？”我们连忙解释这些都是虚假信息云云。这对母女连忙感谢我们澄清谣言，但能感觉到，她们俩听后还是愁眉苦脸的。

当家长的态度开始动摇，极端保守派又开始着手新计划了。他们把目标转向学生，利用课间休息时间尾随学生，告诉他们改革后的数学课会让他们上不了大学，并哄骗他们签署一份请愿书，要求叫停数学课改。学生们乱了阵脚，糊里糊涂地在请愿书上签了名。

当这项秘密活动被老师发现的时候，为时已晚。极端保守派已经引起足够多的恐慌，于是家长要求学校董事会回归传统教学。课程改革时教室的课桌是围成一圈的形式，现在又变回一排一排的形式了。老师在台上讲课，学生在台下死记硬背，沉沦题海，再也不能上活泼有趣的数学课了。当然，学校里的老师也一个个败下阵来，士气低落。

在这场斗争之下，“保守派”和“改革派”的教材差异就处在风口浪尖。尽管新旧教材的课程内容和解题原理都是一样的，但改革派教材选择了一种对学生来说更有感性认知的方式来呈现知识点。比如，课本中含有大量生动有趣的案例，让学生在生活中也能想到数学这个工具。

拿“代数变量”这一章节作为例子，我们说说格林代尔中学的新旧教材是怎样呈现知识点的。家长会主持人提供的传统教材以一家海产店租金计算题作为开头，然后有如下内容：

图表中的时长，如 1、2、3、4 小时，或者其他时长，都可以用字母 h 表示，这个字母 h 就称为变量。

变量是表示一个或多个数字的字母字符，其代表的数字被称为变量值。一个包含变量的表达式称为变量表达式，比如 $4.50\times h$；而不含变量只有数字的表达式称为数值表达式或数字表达式，比如 4.50×4。

这些表达式里的乘号“×”也可以用圆点来表示，比如 $4.50\cdot 4$。在代数中，为避免混淆，包含变量的乘法通常不会用乘号，因为乘号“×”和同样表示变量的字母“x”长得有点像。

传统教材用了两页篇幅来解释变量，紧接着就是 26 道心算练习题和 49 道笔算练习题。比如：

请化简

$$9+(18-2)\text{和}2\cdot(b+2)$$

相比之下，教改后的课本则通过一个故事向学生介绍“变量”这个概念：19 世纪，美国中部密苏里州的移民想搬到美国西海岸的加利福尼亚安家立业。这时候，学生们就代入了移民的角色。

课本中的故事是这样写的："从美国中部搬迁到西海岸的这趟旅程里，你们会认识到数学中的几个重要概念，比如图表、变量的应用、最佳拟合线和比率。"这些"移民"会在搬迁过程中遇到各种图表和变量等数学问题。举个例子，已知移民的家庭情况和一般惯例，如"一般认为超过 14 岁即成年人"，在接下来的题目里，我们就开始接触到"变量"的概念：

希克森家族有 3 名成员，分别属于三代人。3 个家庭成员的年龄总和为 90 岁。

第一题：3 名希克森家庭成员分别可能是多少岁？

第二题：你觉得还有其他年龄组合的可能吗？

一个学生的答案是：

$$c+(c+20)+(c+40)=90$$

让我们来讨论一下：

你认为字母"c"在这里代表什么？

这个学生是怎么推导出 20 和 40 这两个数字的？

这个学生最终的答案分别是多少岁？

在新课程中，学生是循序渐进地接触和认识到"变量"这一数学概念的，然后被要求解释这一概念并使用变量来表示一种情况。老师也会和学生们在实例中探讨"变量"工具的意义和使用时机，并在这个过程中引导学生主动提出问题，从而让学生获得感性和理性认知。而对比传统课程，课本在这一章节的第一页就直接讲概念，随后就是 75 道练习题。

从教学方法上看，新课程要求学生懂得数学的应用情境，认识各种数学概念的意义，因此更强调理解，而不是题海战术；而传统课程认为，学生做了大量练习题后自然就能理解概念的意义。所以，数学战争的分歧就在于教育观念的分歧：一组人认为题海战术才能帮孩子学会数学，而另一组人认为真正理解一个概念比死记硬背和题海战术更好。

我写这本书不是为了站在他们之中任何一方。我知道，无论手上拿着新教材还是旧教材，老师都有可能教得不好，因为课本极大程度上依赖老师的教学经验和对学生心理的洞察。如果那些教育极端分子能够联合教育专家一起做出改进，而不是相互贬低和打压，我相信大家就不用经受“数学战争”之苦了。

数学战争是由美国加州的部分非正式组织发起的，“数学正义小组”就是其中之一。他们还专门设立了一个网站来解释“教育世界大战”的运动纲领，在数学学科上坚守传统教学理念。这个网站的牵头人是匿名的，上面全是抨击新式数学教育的文章和行动攻略，教大家在学校中反击新式教育。网站的组织成员在各地巡逻，揪出施行教改的学校，利用雄厚的人力、物力、财力，联合家长来粉碎教育改革。

我因为发表过几篇研究论文而收到了恐吓信。当时我的研究结论是鼓励学生主动学习而不是被动做题。我的观点明显在和他们对着干，更可恶的是我论点的支撑数据还十分真实可信，这对他们构成了巨大的威胁，于是“数学正义小组”的活跃成员就给我写了几次恐吓信。他们还在网站上教唆大家到我所在的学校官网进行示威，让我的文章全部下架。还有人写信告诫我，“最好不要”在美国公开谈论我的这些研究。我做的是实证研究，他们对我的威胁和压制手段颇为离谱，但数学战争就是这么搞的。

最近几个月，传统教育的拥护者跑去其他城市开展活动，比如佛罗里达州、犹他州、马萨诸塞州和华盛顿州，争取当地的支持，联合各地力量反对数学教育改革。如果你对数学战争的具体细节感兴趣，可以读一读加利福尼亚大学伯克利分校的教授艾伦·舍恩菲尔德写的文章《数学战争》，以及密歇根州立大学教授苏珊娜·威尔逊的书《加州梦》。这两本书都记载了数学战争压制教育改革的真实情况。

新旧教学模式之争

早在 20 世纪 80 年代，学生的数学成绩直线下降，引来了社会各界的关注。在美国数学教师协会（NCTM）的推动下，许多学校进行了一系列改革，并于 1989 年发布了一套新课标。依据新课标，出版商很快推出了新课本，里面运用了大量明快的插图和鲜活的案例。而老师在其中的角色不再是讲师，而是新式教育的推动者，上课内容不再是授与学，而是圆桌讨论。

其中，有些新教材设计得非常优秀。比如格林代尔中学使用的数学书，能通过为学生提供有趣而复杂的谜题来教学。而有些教科书则有趣得有些过头，因为缺乏数学的逻辑严谨性。这些教科书在初级教育中就因倡导“模糊数学”而被诟病，导致学生并没有理解数学的真正要领。这是因为，一方面，当时教育改革的步伐相对较快，老师没有和家长进行良好的沟通；另一方面，部分老师只做到了圆桌讨论的“形”，却没让学生领悟到知识，致使新式教育的课堂效果大打折扣。因此有批评者称，数学教育如今遇到了大麻烦，学生缺乏标准化的教育，净花时间在课堂上闲聊，而没有做正事。

接下来发生的事更加令人惋惜。虽然各方教育人士都非常在意教改效果打折的问题，但他们之间没有进行良性沟通，而是画起了“三八线”，于是就有了“数学正义小组”的所作所为。这导致了当下我们面临的问题：老师的积极性大打折扣，不敢尝试新方法；学校回到了老路子，继续施行传统教育的死记硬背和题海战术。只有少数学校愿意进行教学创新，比如使用更适合学生的教材，在教学方法上尝试推陈出新，并帮助学生取得了一些好成绩，但如今这样的学校少之又少。与此同时，学生对数学的兴趣普遍下降，数学成绩保持在极低的水平。

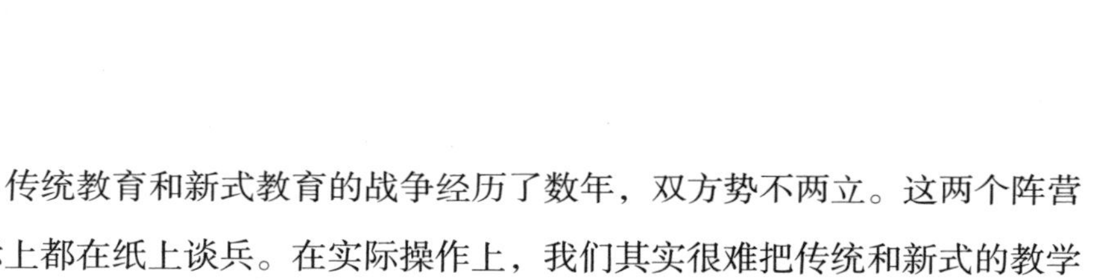

不经大脑的学习

传统教育和新式教育的战争经历了数年，双方势不两立。这两个阵营实际上都在纸上谈兵。在实际操作上，我们其实很难把传统和新式的教学方式明确区分开来。我研究数学教育多年，发现在中间画“三八线”的实际意义不大。

这两个阵营里，不管是老师的类型还是教学方法，都是五花八门的。有些教学方式有效，有些则不然，和其所属的教学派别无关。打个比方，一位老师如果采取授课讲题的方式，没有在课堂上组织小组讨论，那么他大概率被分到“传统”一派去了。但细看其教学过程，这位老师也能向学生提出有启发性的问题，让学生自主参与妙趣横生的研究课题，给学生独立解决问题的机会，而他并没有单调地教授数学标准方法。在这种情况下，这位老师还够“传统”吗？我相信，这样的老师是优秀的，希望教育界能出现更多这样的老师。

而唯独一种教学方式，不管它属于“传统”还是“新式”，我都非常不提倡，那就是鼓励被动学习的教学方式。在美国数学课堂中，这种现象非常常见：老师花 20 ～ 30 分钟介绍一种新的数学方法，学生则在台下抄写老师的解题方法，然后再做几道换汤不换药的题目。如此下来，学生很快就发现，这样上数学课好像不需要思考，先看老师的方法，自己再照着做，这样学起来更方便。我采访过几百名这样上课的学生：要在数学上取得高分，需要做什么？他们的回答出奇一致，就是：认真听讲。一个女生同我说："其他学科你可能要动动脑子，数学则拼的是记忆和背诵。"

被动学习的学生，学习态度往往是这样的："公式什么的，答案什么的，好无聊，但就是得背。"或者"有些事看起来就毫无意义，不知道为什么要做，但就是得做"。被动学习的学生没有机会提问、思考、论证，在面对数学问题时，也没有以"解决问题"的心态去做题。然而思考、论证恰恰是数学研究中必备的技能。因此被动学习的心态，在美国数学教学中持续了几十年，低效的教育方式把这种错误的数学学习观念传给一代又一代人。

在被动学习状态下，学生靠的是死记硬背和重复训练，这些固定的解题思路在现实生活中几乎没有用处。所以当考试遇到新题型或在生活中遇到没见过的情况，他们就变得手足无措。

数学工作者非常清楚，需要烂熟于心的只有那么几条核心方法，大部分数学问题都是概念和方法的延展，积极动脑便可以得到答案。有项涉及 40 个国家的学生的调研显示，对于"学数学的时候，你是否认为解题方法需要死记硬背？"这个问题，所有国家中，仅有 35% 的学生认为需要死记硬背。但单抽出美国的数据，我们惊奇地发现有 67%的美国学生靠背诵来解数学题，表明美国学生已和世界平均水平拉开巨大差距。

我所进行的研究不仅观察学生的课堂行为，而且是跨越时间的纵向研究，跟随学生走完整个初中和高中生涯。这些年来，我旁听了上百小时的数学课，采访记录下数千条学生留言，对学生的学习经历、学习态度以及学生对学科的理解和最终的成绩都有所了解。这些研究很多都揭示了当代数学教育的严峻问题。接受教育的学生大多对数学失去兴趣和信心，甚至产生了阴影。我不下百次听到被动学习环境下的学生说，在数学课上不需要思考或思考是费时且多余的环节。在这种氛围下接受数学启蒙，孩子们逐渐养成不动脑的习惯：做什么，怎么做，等老师来教就行，照着做就对了。孩子们也逐渐变得消极妥协：即便不了解这条公式的意义，也能心安理得地把它背下来。实在很讽刺，数学，一个关于探究、思考和推理的学科，在学生眼里，竟然成了一门不需要动脑思考的学科。

早在 1982 年，当时教学改革还没开始，数学全国水平考试中有一道选择题，要求学生估算下方算式的结果最接近哪一个数：

$$\frac{12}{13}+\frac{7}{8}$$

选项有：

1、2、19、21

细看 12 / 13 和 7 / 8，两个数都是接近 1 的分数。所以可得，它们的总和接近 2。这道全国数学评估题，年龄 13 岁的学生中，只有 24%的人答对；而到了 17 岁的年龄段，也仅有 37% 的人能做对。很多人选了 19 或 21 这种毫无根据的答案。即便是 17 岁的高中生，也似乎没看懂这道题的本意，也不懂得估算的意义，大概率是因为他们做题时，尽一切努力套用记忆中的方法，结果出现了错误，这些学生却一点也察觉不出来。

“灌输式”的数学教育不仅影响着学生对数学的理解，还会搞垮学生的心态。其实，大部分学生都希望理解消化知识，比如为什么在这种情况下可以尝试这种方法，为什么用这种方法能够解决这类问题。或许你认为女孩子更擅长记忆，其实她们更希望理解、吃透知识点，这个问题我们将在第六章详细讨论。下面是一位女生凯特在传统课堂上学习微积分的感悟，我采访过的许多年轻人也有类似回答。

“我们知道遇到这种题该怎么做，但不知道为什么要这样做，也不知道怎么就做出来了。尤其是在考试这种限时情况下，我有做过这道题的经验，所以能快速写出答案，但为什么这个解题方法是合理的，短时间内，为什么能笃定选择这个方法而不是另外那个方法，我不知道，我只是把平时的做题套路搬上答卷而已。我知道正确答案，却不知道为什么它是正确答案。”

我相信年轻人天生具备好奇心，至少在接受传统教育之前一直具备。他们在接触未知领域的时候，都希望通过感知和理解，将知识内化于心。如今大多数学课剥夺了学生这种美好的求知欲。尽管凯特在课堂上无法接触知识的推导过程，但她还有残存的好奇心，懂得问“为什么”。很多刚上学的孩子，对课本上的知识感到新鲜好奇，也有探索知识的欲望。甚至有研究表明，接触传统数学教育前，学生的主观能动性反而更强。他们在被标准解题方法束缚住之前，还敢于用自己的理解来解释世界，尝试用各种方法解决难题。但在长时间被动学习的消磨之下，孩子们灵活的思维都被压制，创意的棱角都被磨平了。当他们再次面对超出自己认知范围的知识点时，已经没有动力去探索求知，而是依靠死记硬背和题海战术求得高分。

下面让我们来看看这道题：

A 女士想在超市买点火鸡肉回家吃。3 块鸡肉为一盒，总重为 1 / 3 磅[①]。

---

① 英美制质量或重量单位，1 磅等于 16 盎司，合 0.4536 千克。

由于 A 女士正在节食，每次只能吃 1 / 4 磅。那么她可以怎么买，来保证自己的节食计划？

这个问题很有意思。你可以先想想怎么做，再继续往下读。这个问题的发明者是探究式教学法的践行者——露丝·帕克。她一直希望学生家长也能参与进来。在一次公开课中，她提出了这个问题，邀请孩子和家长们思考。这样做的目的是看看大家能提出多少种解决方法，以及这些解决方法与从标准课堂学来的方法有什么不一样。许多家长都做不出来，因为他们从小接受被动式教育，想了好久也对应不上从前学过的公式。比如有人认为这两个分数可以相乘，但 $1/4 \times 1/3 = 1/12$，答案又不太合理。而有人用 $1/4 \times 3$，但答案 3 / 4 磅好像也不对。

就在大家一筹莫展的时候，露丝提示大家，其中一种方式是列方程：

$$3\text{ 块肉} = 1/3\text{ 磅}$$
$$x\text{ 块肉} = 1/4\text{ 磅}$$

大家立刻明白过来，终于可以对应上从前学过的公式了，于是三下五除二地进行交叉相乘，得到了答案：

$$1/3\,x = 3/4$$
$$x = 9/4$$

露丝老师指出，这道数学题的题眼就是列出方程式。而家长们从小接受被动式教育，很少有这方面的经验。他们要么在数学课上来来去去都只会用一个方程，不知道如何主动列一个方程；要么每类题型都被给定一条方程，只需要反复练习解方程即可。如此做题，他们从来没想过方程是怎么组装起来的。

但反观还没接受被动式教育的小孩，他们的点子都非常有创意。

一位小学四年级的学生是这样解决的：

如果 3 块肉是 1 / 3 磅，那么 1 磅就是 9 块肉。现在我要吃 1 / 4 磅，那么 9 块肉的 1 / 4 就是 9 / 4 块肉。

另一个孩子则用画图的方式解出了这道题：

1 磅可以用 9 块肉表示：

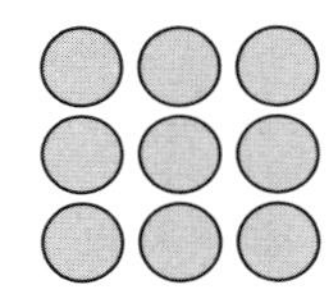

那么 1 / 4 磅，就把 9 块肉均分成四份：

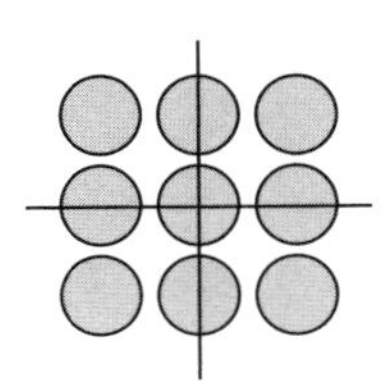

于是，横竖切两刀就能直观得出 1 / 4 磅的样子。

这些优秀且灵活的解题思路，在标准规范的课堂上往往会被压制，因为标准课堂只教一种解题方法，不鼓励其他解题方法。我很好奇，接受被动式教育以后，这些聪明伶俐的孩子还能不能想到这些好点子呢？在当今的数学课堂上，学生学会的是抑制自己的发散性思维，觉得凡是和课本不一致的方法都是“歪门邪道”，从而失去了独立解决问题的能力，这是目前美国数学教育最大的问题。

不用开口的学习

被动学习，往往也是在沉默中学习。对有某些特质的学生来说，这可能更利于他们消化知识，但对更多人来说，其实不利。现在的课堂，基本都是排列整齐的课桌、各自端坐的学生，老师讲题，学生默默记笔记。但这种方式并不利于学习。比如，通过交流，学生才知道自己是否真正掌握了知识点。知识，特别是方法，听起来不难，复述起来才难。只有用自己的话语重新把知识表达出来，才算真正学会。

我曾经采访过两位非常成功的数学家。虽然两位大师的成长背景迥异，但当他们回想起自己的数学学习条件的时候，我发现了一个共同点。欧盟青少年科学家竞赛首奖得主爱尔兰女孩萨拉·弗兰纳里在其自传中写道，从小她的家庭活动就能调动学习兴趣，比如“数学解谜”，这对数学思维的培养有极大帮助。弗兰纳里写道：“我从小就有个观念，那就是：听别人讲数学是一回事，通过思考理解数学，与他人交流产生思维的碰撞，又是另一回事。”鲁本·赫什在《数学的本质》中同样谈到了自己对数学的理解和思考，“数学是通过计算、解决实际问题、交流讨论来学习的，而不是通过阅读和聆听”。

上面两位卓越的数学工作者都强调了学习数学时开口讨论的作用。但被动学习常见的就是“只听不聊”，这在美国学生中很常见。弗兰纳里所描述的第一种学习方式便是被动型学习（“听别人讲数学”），第二种方式（“通过思考理解数学”和“与他人交流”）才是课堂上和课余应该着重培养的学习能力（这对我在第三章要说的内容极为重要）。当学生被别人的思路牵着走时，他们并没有在动脑子，因为仅靠听的话，不一定需要大脑的认知功能参与。这种学习方式与自主思考截然不同，可惜大家看不出其中的不同。下面，就让我用一个例子来说明二者之间的区别。

格林代尔中学恢复传统教育课程以后，我旁听了一节代数课。授课老师比较“老派”，是专门被请来贯彻传统教育方法的。他在讲台上来回走动，洋洋洒洒地写满了一黑板的算法。他其实是个幽默风趣的老师，口头禅是“太简单了吧！”和“快给我做题！”。学生也喜欢这位老师，因为他会开玩笑。课堂氛围轻松和谐，题型讲解清晰明了，学生也会认真观察倾听，随后做题。

这些学生都经历过传统课堂和新式课堂，所以我找了一个机会，在课堂上蹲在一个小男孩身旁，采访他的感受。他似乎很高兴，回答说：“我更喜欢传统课堂！老师会把详细步骤告诉我们，很容易明白。”可当我准备离开的时候，老师把随堂小测成绩单发到小男孩手上，几乎全错。他看着糟糕的分数，伤心极了。他翻看了所有错题，转身对我说：“当然，我也讨厌传统课堂，在课上我自以为听懂了，但其实并没有！”看着他在苦笑，我又想笑又心疼，他最后一句话恰恰反映了传统课堂的局限性。老师带头做题，学生被老师的思路带着走，如果没有看不懂的地方，学生当然自认为“懂了”。但每个步骤都看得懂，并不代表真正理解，并能在日后，在不同场景下想起这个方法，且灵活使用这个方法。所以单靠看老师做题，还差得远呢！

想让学生真正理解数学方法，而非停留在“看得懂”上，做再多的题目都是没用的，要把学生放进复杂问题里，让他们自己思考怎么解决，并且让他们开口解释为什么要用这套方法，这才是有用的教学方式。

缺乏讨论的课堂还有一个坏处，就是没有给学生传达正确的数学精神。数学最重要的部分是推理。这包括解释为什么要用这套方法，以及这套方法中的前一步和后一步有什么关系。学生在学习推理的过程中，也会明白数学是需要充分解释的。

学生提出一个数学问题的解决方案时，他们应当知道使用这个方案的必要性。这个“必要性”来自数学知识和原则，而不是教科书或老师告诉他们要这样做。

此外，推理和证明都要在交流讨论的场景下才能进行。学数学，就要理顺自己的思考逻辑，并向他人解释清楚，这就需要与老师和同学进行交流讨论。

讨论的重要性，还体现在它能给予学生独立思考的机会。当学生开口讨论的时候，他们能意识到数学不仅有一套规则和方法，数学还允许大家有自己的想法，允许有不一样的思路和解题方向；意识到数学概念和方法之间是有机结合在一起的。这对所有学习数学的人来说都很重要，对青少年来说尤其重要。如果常年要求孩子保持沉默，不鼓励他们提出自己的想法和观点，长此以往，他们就容易滋生无力感和学习的奴性思维，对数学再也提不起兴趣，哪怕成绩再好也没用。如果鼓励孩子提出自己的想法，他们会认为答案是自己动脑子想出来的，也自然而然会对自己的作业有主人翁意识，这对年轻人来说至关重要。

课堂讨论也是一项帮助学生理解知识的工具。讨论时，学生能获取来自同龄人的观点，而不是老师的观点，这对他们来说更容易接受。发表观点时，学生会对知识进行咀嚼和重构；而听取观点时，会再一次理解和重构知识。相比之下，独自学习数学时，我们只有一次理解数学的机会。当然，讨论也需要领导和组织。我将在后面的章节解释有效讨论的引导方法。

课堂讨论能进一步拓展知识的理解深度。当然，不是所有课堂上的交谈都是有效的。数学老师应该对课堂讨论负起责任，平衡学生在课堂上独立思考和相互讨论的时间。但现状是，缺乏提问和讨论的课堂消磨了孩子对数学的兴趣。

缺乏应用场景的学习

通过研究我发现，无论是传统教学还是新式教学，数学题里的场景设定都非常奇怪。从各种数学题中，我们看到的是一个单调而机械的“异世界”：两列火车都在用同一轨道，人们仿佛机器人一般能够保持相同的速度给外墙上油漆，水管里的水能以相同的速度填满浴缸，人们跑步的路线总是一模一样没有变化。而为了在数学课上配合老师的“解题表演”，学生总得暂时放下常识，用机械的思维去适应数学课里的“异世界”。如果照例使用常识做题，肯定会收获老师给的大红叉。久而久之，孩子们渐渐感觉到：数学题不能用常识来做。

在很久以前的数学课上，大多数讨论和教学都停留在抽象概念上，和现实世界几乎割裂。直到20世纪70到80年代，数学题中才开始有了一些生活场景。所以对老一辈来说，数学就是一种毫不接地气的、抽象虚幻的知识。因此，教育家们为了打破数学的“冰冷”形象，把数学问题代入具体的情境之中，试图让大家更好地理解其中的概念。

但是，编纂教科书的教育学者却没让这一思想落到实处。他们使用的是虚构的场景，比如，服装和食品的物价，蛋糕应该怎么分，每次应该安排多少人乘坐电梯，两辆货车相会时的速度等等。可在现实中，价格、人员安排、列车问题远非单纯的数学问题，还需要常识和行业思维。学生看到的数学题目是高度简化和机械化的题目。在真正遇到相关问题的时候，他们很容易会被现实的复杂性吓倒。但很可惜，如今的数学课正给学生们注入一种观念，即学数学可以不理会常识和各种各样的现实差异。

在我们的数学课本里，随手就能找到脱离常识的题目：

- 乔可以在6小时内完成一项工作，查利可以在5小时内完成同样的工作。如果让他们一起工作2小时，可以完成工作的多少部分？
- 一家餐厅将一整个奶酪蛋糕分成8份，一份售价2.50美元，那么一整个奶酪蛋糕的价格是多少？
- 5个好朋友将一整个比萨均分成5份，其中3人吃了3份，但后来又有4个朋友加入，那么剩下的2份比萨应该怎么分？

抛开题目，或许大家都有感受：每个人独自工作和团队协作时的状态和效率是不一样的；一整个奶酪蛋糕通常会以批发价售卖，而不是单块蛋糕的价格总和；人们通常不会拿刀把比萨再分小块，而是会再买一个比萨，或者一部分人干脆不吃比萨。但在数学课里，大家只好对违背常识的思维视而不见。久而久之，不真实的场景设置会带来两大负面影响：一个影响是，虚构的场景会把数学禁锢在象牙塔之中，使数学变得神秘，无法融入现实生活，导致人们对数学丧失兴趣；另一个影响更为深远，学生会逐渐习惯忽略情境，沉浸在数字游戏里，但这种心态在真实的生活场景中是行不通的，甚至在专业研究场景中也很容易使人迷失方向。下面这道典型的数学考试题目就反映出虚拟情境给学生带来的负面影响 。

一辆军用卡车可以容纳 36 名士兵。假设有 1128 名士兵去往训练场地，需要多少辆卡车运送？

学生的常见回答是“31 辆车余 12 人”，但有余数的答案不适用于卡车数量。出题人希望大家知道，需要多派一辆卡车装载多余的 12 人，因此答案是 32 辆车。而“31 辆车余 12 人”恰好证明了美国学生不知道自己在“算什么”，无法将“卡车数量为正整数”纳入数学思考中。“31 辆车余 12 人”也证明了缺乏真实场景的教育后果，因为“31 辆车余 12 人”在数学课堂上是没有问题的。

我反对这些情境设置，并不代表支持在数学中摒弃情境。情境如果能做到贴近现实，贴近学生的生活和他们所关心的事情，能激发学生对数学的主动思考，那么情境就是非常高效的沟通手段。

真实的情境就是确实需要数学来解决问题的生活场景，并且将各种现实因素纳入考量，而非忽视这些因素。比如，用数学来预测人口增长就是一个很好的例子。要解决这个问题，学生应该通过图书馆、报纸或网络调查近年来的人口增长量和变化率，建立线性模型（比如 $y = mx + b$），并使用模型预测未来的人口增长。这些问题都能激发学生兴趣，鼓励学生把数学这个工具用起来并用好它。

情境设置错误的另一个重灾区在图示法中，比如均分比萨的题目。图示法是一种非常直观的方法，用一个圆代表比萨，再通过切割表示比萨的分配情况。这样做能通过视觉精准表达题意，这无可厚非。但让学生将自己代入同学派对里，再让他们运用数学思维分割比萨就显得有点怪异，毕竟我们不可能在派对里用刁钻的方式将比萨分配给宾客。把数学方法传授给学生，却在传授过程中要求学生屏蔽派对中的待人处事细节，这样对学生不好。

虽然情境很重要，但情境不是学习数学的唯一方式。历史上有许多精彩的数学问题并不依赖情境，征服了几代数学家的四色问题正是如此。1852 年，英国地图制图师弗朗西斯·格思里正在给英格兰地图上色的时候，想要让每个相邻地区的颜色都不一样，他发现，最多只要四种颜色就能满足任何地图的着色要求。真的是这样吗？数学家们接踵而至，希望证明在任何地图或任何接触形状集合中，最多只需要四种颜色就能满足相同颜色不相邻的着色要求。这个猜想在一个多世纪以后才得到证实，但至今还有人不相信这个结果。

四色问题就是一个很实用的问题，能够引发学生的思考。他们随时可以拿起自己国家的地图，或者画几个相连的随机形状，看看能不能只用四种颜色填满地图，并且相邻的两个区域不会有相同颜色。

在这本书里，所有问题（例如引言中的象棋棋盘问题）都会使用合理的情境。情境赋予了问题意义，并提供现实的约束条件，学生做题的时候，就不会有不自然的感受了。

缺乏考量的人造情境，看起来只是小事，但长此以往对学生的心智塑造有很大影响。希拉里·罗斯是一名美国社会学家和报社专栏作家，她的成长经历就是一个压抑数学天性的真实案例。上学前她就被家长称为“数学神童”，对生活中的数字、规律、几何形状都有天生的敏感度。但上了小学，她身上的这股数学魔力渐渐消失了。刚进入数学课堂的时候，看到出题情境脱离常识的数学题，她还能结合生活实际情况给出自己的答案，但老师只希望她就题论题，忽略与题无关的实际考量。

“回想起来，情景应用题是最让人恼火的题目。很明显，出题人都不食人间烟火，没有生活常识。比如，为什么要用人力把巨大的滚筒滚上坡？仅通过墙的面积，不知道上面的形状，怎么可能买到合适的墙纸？我比较喜欢实事求是，所以这些问题看起来就很离谱。渐渐地，我再也不相信老师教的数学是现实生活中的一部分了。”

现在，让我们回看美国数学教材，无论是传统教学还是新式教学，如果把篇幅占了一半的傻瓜应用题删去，数学教学就成功了大半。删掉荒谬的情境有很多好处，其中最大的好处就是学生们会意识到，数学是一门帮助他们理解世界的学科，而不是一门闭门造车、毫无意义的学科。

如今，技术应用在工作和生活中越来越普遍，我们很难预测未来哪些数学方法才是最有用的方法。所以，学校有责任培养思维灵活、懂得将数学知识变通的人才。而培养灵活的思考者，唯一的方法就是在学习阶段、在学校和家庭环境中为孩子提供灵活思考的机会。在下一章中，我将为大家介绍两种截然不同的学习方法，这两种方法都非常适合拿来培养孩子的思维灵活度。

第3章

数学教育的想象：这些方法才奏效

我对未来数学教育的愿景是这样的：每个孩子都盼着上数学课，兴致勃勃地汲取数学新知识，并且有能力将数学方法应用至课外遇到的问题中；等他们长大成人，对于工作中的棘手问题，懂得用数学方法来解决，而“我数学好差”不再是大家的借口和自嘲的笑话；对整个社会来说，国家数学专业技术领域将人才辈出，以填补技术时代各专业工种的人才缺口。

这样的愿景似乎难以实现，毕竟当下大家的数学成绩堪忧，甚至大量成人和小孩对数学都有阴影。但我相信这个问题有解决办法，而家长是改变现状的一大重要角色。

接下来，我将为大家介绍两种经过验证的学习方法，让学生有机会体验真正的“数学应用场景”。虽然我用的是高中生的例子，但方法本身适用于所有年级的数学学习者。这些事例来自各种生活和文化背景下的学生，他们都逐渐爱上了数学，不仅在学习阶段取得好成绩，而且都将数学作为他们未来人生重要的一部分。

交际法
——用沟通的方式学数学

加利福尼亚州有一所铁路边的学校，人们称其为铁路高中。他们的课堂常被火车的轰鸣声打断。铁路高中虽然看起来比较老旧，其教学理念却不陈旧。

在其他学校里，微积分课经常是学生逃课的重灾区，有些学校甚至取消了微积分课。但在铁路高中，微积分课却很受欢迎。每当我带人来旁听他们的数学课，参观者都会惊讶于学生的表现。大家都十分投入地听课，讨论数学，学生的眼睛里都泛着兴奋的光芒。

在 1999 年，听闻铁路高中的老师对教学思路颇有钻研，于是我拜访了铁路高中，旁听了他们的课程。参观过后，铁路高中就成了斯坦福大学一个项目的研究对象，这个项目旨在研究不同数学教学方法的有效性。经过我们对 3 所高中 700 名学生的 4 年追踪观察、采访和评估，我们发现了铁路高中教学方法的独到和成功之处。

铁路高中的教学方法也是从传统方法转变而来的。当时他们发现学生学习数学的热情不高，毕业以后也找不到工作，于是下决心改变现状。学校教师们利用几轮暑期班进行试点改革，从代数课程扩散到所有课程。铁路高中还取消了文理分班选课的限制，要求代数课成为所有新生入学的必修课。

在传统代数课程里，学生通过做题来学习因式分解和不等式的解法。在铁路高中，学生也需要学习这些方法，只是课程设置的眼光更长远一些，他们更注重培养学生的数学意识。在课程设置上，每节课都会围绕一个主题进行，例如，线性函数是什么？

此外，铁路高中还在教学中呈现数学的“多重表现形式”，学生得以了解数学可以通过文字、图表、表格、符号、图形等多种形式来表达。

在课堂上，老师经常请学生解释自己的思路，学生可以了解到不同的解题方式和表达形式，从多角度体验同一个数学概念。所以，当我采访这里的学生时，他们不会像传统教学下的学生一样，认为数学是一套规则，而是一套语言或交流形式。以下是一位学生的原话：“数学就像一套语言，蕴含着丰富的意义。当我和同学一起解决一道难题的时候，就像和朋友在谈天说地，我们是通过交流的方式把它解决的。”

下面是我旁听的一节函数课。老师邀请大家观察“积木堆”的规律，比如，学生佩德罗手上有 3 个积木堆：

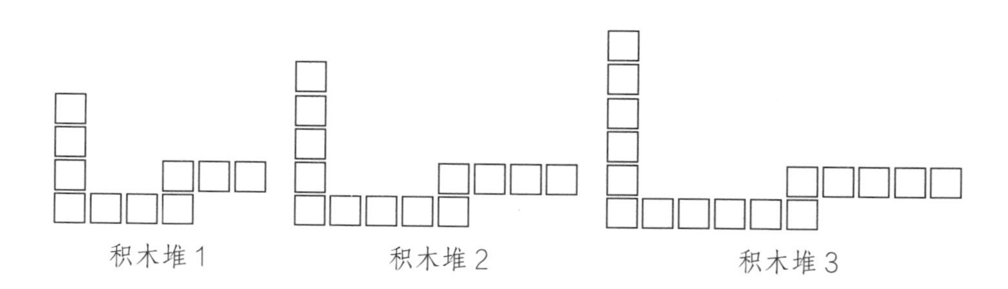

这三个积木堆的增长遵循着某种规律。老师希望大家能找到这个规律，此刻在阅读的你也可以尝试找找。用代数式、表格或一般模式来表示这个规律都可以。根据前三个积木堆的提示，学生们还需要给出第 100 个积木堆的积木数量。

佩德罗首先通过数数的方式统计出前三个积木堆的数量，并放入表格里：

积木堆序号	积木数量
1	10
2	13
3	16

从表格里他发现，每递增一个积木堆，积木数量增长 3 个。随后他再观察积木堆图形，几分钟以后他发现了增长规律！从图形中他发现，每递增一个积木堆，积木堆的每个长条部分都增加 1。

于是，他用图形表示前两个积木堆的变化：

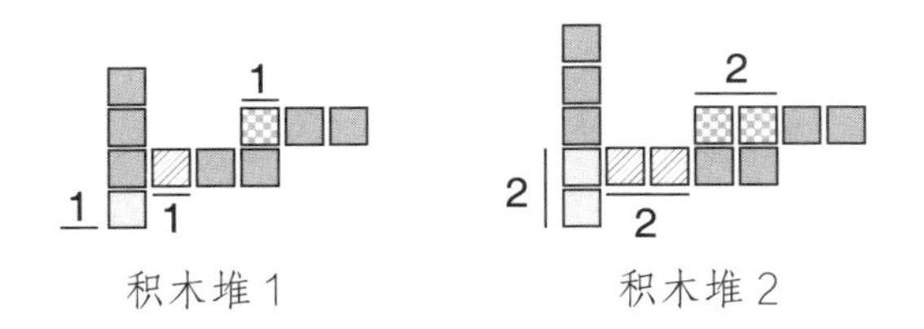

积木堆 1　　积木堆 2

从积木堆的变化可以看出，有 7 个显示纯灰色的积木数量不变，位置不变（但这是佩德罗同学总结的规律，你还可以从另一个视角总结另一个规律）。

除去 7 个不变的积木以外，还有从几个方向随序号增加的积木。比如，单独拎出垂直一列积木来看：

我们看到，在积木堆 1 中，底部新增了 1，所以总数是 1 + 3；在积木堆 2 中，底部新增 2，总数即 2 + 3；积木堆 3 总数是 3 + 3；在积木堆 4 中，总数就是 4 + 3，以此类推。因此，3 是常量，而底部积木数随积木堆序号增加而增加。

我们还可以看到，每次增长的数量都与积木堆的序号相同。当序号为 1 时，这部分的积木总数为 1 + 3；序号为 2 时，这部分的积木总数为 2 + 3。因此我们可以假设，当序号为第 100 时，这部分的积木总数就是 100 + 3。像这样把大问题拆开来、画下来，解释思考过程，其实就是做数学应用题的关键。

不要忘了，上面的思考只涉及总体积木堆的其中一部分。佩德罗同学用代数式来表示 3 个部分的积木数量，于是变成这样：

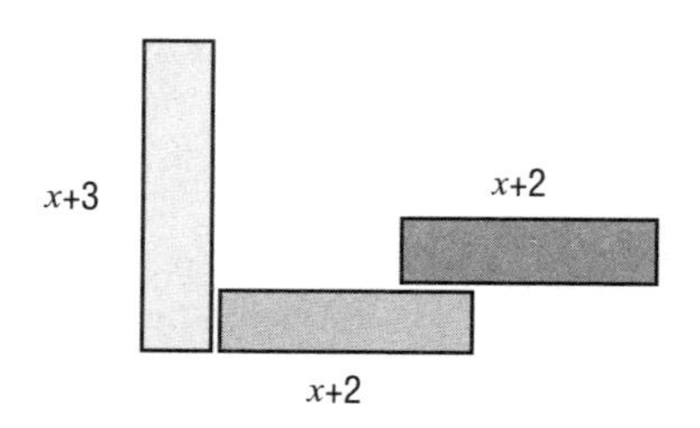

每个部分的 x 代表积木序号，3 个部分相加，就能得到整个积木堆中

积木的总体数量的函数表达式 $3x + 7$。

如果你很害怕做这类题目，我可以好好解释一下。我有一位朋友遇到这类题目就会犯迷糊，经过观察，我意识到她的困惑来自传统学习方式。

当她看到我的学生把积木数量表示成 $3x + 7$ 时，她的第一反应就是："这个 x 是什么？"我解释 x 是积木堆的序号，比如 1 号积木堆，那么 x 就是 1；2 号积木堆，x 就是 2，以此类推。但她还是没搞明白，一直问我："那 x 最终是多少？"聊到这里我突然明白了，这是因为对她来说，x 一定是一个数字。

从小到大，数学课把她培养成 x 的"求解机器"，使她看到 x 就想把 x 解出来。她与当代学龄儿童一样，没搞清楚代数中最重要的一点：x 是用来表示一个变量的。代数的应用范围其实非常广泛，数学家、科学家、医生、计算机程序员和其他专业领域工作者都会用代数。这是因为世界在动态变化，而代数能帮助他们描述变化、找到规律、提高效率。

在这道题里，我的朋友清楚每次积木的数量增长都遵循着某种规律，却并不习惯用代数方式展现规律。但这道题的初衷，就是让大家通过可视化方式找到规律，并用代数描述这个规律，这个能力非常重要。其实大多数课程在代数教学上忽略了其意义的解释，结果导致大家低估了代数在生活和工作中的重要性，遇到问题时，完全想不起代数这套工具。

现在让我们回到刚刚的课堂，佩德罗同学准备检验自己的表达式是否正确，于是在积木图示上写写画画，多轮检验后他对自己的研究成果非常满意。下课的时候，他依然沉浸在这道题里，急切地在纸上验算着。第二天上课我再次来旁听。佩德罗同学和另外三个同学坐在一起，他们把课桌拼到了一起，用来放一张大大的白纸。白纸被分成 4 个部分，每个部分就是每位同学的思考过程，上面有彩色的图表、各种指示箭头以及大大的代

数符号，远远看去，像极了一件艺术品。

上课了，老师过来检查作业，和孩子们讨论图表和代数表达式，并仔细听取同学们的思考过程，确保他们真正理解了代数关系。老师问佩德罗同学：$3x + 7$ 里面的 7 是怎么来的，请他在图上标示出来。佩德罗指给老师看，并在图表、图形和表达式里用同样的颜色标出 7，让他的展示更清晰明了。

铁路高中力求每位学生都学会用代数和画图来表达思考过程。在表达和交流的过程中，学生们逐渐建立起良好的数学学习观念：代数可以表示生活中各种有形的事物。同时，代数表达式中的关系也可以用表格、图形和图表来表示。

坐在旁边的胡安同学，则用了一个更复杂，且非线性的图案表示他的思考过程。他在下图标出了不同颜色，表示积木数量的增长规律。正在看书的你也可以思考一下，它的规律是什么，可以用代数表达出来吗？

除了请每位同学独自思考，老师还会让学生相互交流，从自己和组员总结的规律中找到共性，并运用代数式和图画的形式把结果表达出来。这些题目的规律有些是非线性的，对九年级的学生来说的确有些难度，却能激起同学们的讨论热情。无论是学生还是老师都能从中学到很多，收获很多惊喜。至此，这门课程的一大重要目的就达到了：寻找规律、表达规律、总结规律。

虽然铁路高中的课程设计看起来非常先进，但仍属于代数课和几何课的内容，并没有超出美国高中的分科制度规定的课程内容。但在这里，学生研究的问题更具有开放性，可以更自由地进行学习、讨论和思考。在这里，老师经常要求学生用不同的形式表达自己的想法，让学生能够在代数和几何之间灵活切换。

在铁路高中，小组讨论非常常见，同学之间互相帮助的氛围也非常浓厚。老师也十分关注小组间的合作氛围，无论学生成绩好坏，无论学生担任什么职务，老师在讨论中都一视同仁，教导大家尊重其他成员的贡献。强调这一点是非常重要的，因为当今流行的教学方式，在某种情况下容易滋生出不良思想，比如评判优劣高下。

据我研究，在传统教学方式下学习的孩子，更容易讨论谁更聪明或愚蠢，谁脑筋动得快而谁学东西很慢。而在铁路高中，同学们不会往这方面想。这并不意味着他们把大家看作完全一样的个体，相反，是尊重和欣赏班级的多样性，以及不同学生所具备的各种特质。正如一位老师点评的："一堂课里，大家的水平各有高低。但课程设计的成功之处在于，它把每个人的水平差异转化成他们各自的优势。不同水平的人都能互相教学，互相帮助。"

铁路高中的老师主张的教学方式是小组合作学习中常见的"复杂指导模式"，这种方式旨在提高小组讨论效率，促进课堂平等。他们强调所有的孩子都很"聪明"，在不同的领域都有优势，每个人在数学上都有重要的贡献。

为了对比研究，我还把铁路高中的小组和另外两所更传统的学校的学习小组放在一起做比较。在传统课堂上，学生们排排坐好，不讨论，不学习代数表达，也不会想到代数可以用不同的方式进行可视化呈现。这些学生在一堂课开始时就跟着老师做题，然后再自己埋头做题。这些题目也设计得相当刻板和程序化，基本上和老师讲解的题目一模一样。

这两所采用传统教学方法的学校有优越的地理条件，生源也比铁路高中更优质。但在我们研究满一年的时候，铁路高中学生的数学考试成绩已经赶上了这两所高中。到了第二年结束时，铁路高中学生的代数和几何成绩已经赶超在前了。

铁路高中的学生除了成绩进步以外，还学会了享受数学。在四年研究期间我做过多次调查，发现铁路高中的学生更加积极，对数学更感兴趣。到第四年，铁路高中有 41% 的学生报名了微积分预科班高级课程，而接受传统教育的学生只有 23% 报名。此外，研究结束的时候，我们采访了

105名学生，大部分是高年级学生。在谈及未来的学习和职业规划时，接受传统教育的学生大都下定决心以后不再碰数学了，即使数学成绩好的学生也这么想。在传统教育班级，仅有5%的学生愿意继续学数学；反观铁路高中，愿意继续学数学的学生高达39%。

铁路高中的成功有很多原因，最重要的是，他们的研究课题有趣、有用，合作讨论的氛围浓厚，能唤起学生的兴趣，鼓励学生自己探索出方法，而不是照本宣科地套用老师的方法。还有一个重要原因，那就是扩展数学概念，以及进行整合教学。

这里的老师非常清楚，运用数学这套工具的时候，牵扯到了多项工序和能力：提问题、绘制图示、切换不同的形式表达问题、证明猜想、呈现思考路径……而计算求解只是其中微不足道的一小步。这里的老师不是结果论者，学生答对题目时会称赞，如果学生能在解题过程中使用不同方式，同样会给予鼓励。我们曾询问过同学们，学好数学应该怎么做？传统课堂中的学生几乎全认为，仔细听讲、跟着老师的步骤和方法做题就能学好数学。但铁路高中的学生的回答则五花八门，比如提出好问题、学会表达自己的思考过程、学习逻辑表达、学会证明猜想、学会使用不同的方式表达数学，以及用各种不同的角度看待问题。简单来说，铁路高中的学生知道可以用不同的方式取得成功，所以大家都是成功的。

铁路高中的独特性，就连刚入学不久的新生也能看出来。珍妮特就是一名新生，她向我描述了自己之前就读的初中和铁路高中的教学方式的区别："上初中的时候，学校强调的只有算术技能。到了铁路高中，老师还在课堂里培养大家的社交技巧，比如学会寻求他人的帮助、让学生相互帮助等等。在这里，除了数学技能外，我还掌握了不少社交技能，逻辑推理能力也有所提升。"

另一位学生贾丝明也认为铁路高中的教学内容非常广泛："学习数学，就要学会与同学和老师互动，与大家交谈，相互回答彼此的问题。在铁路高中的课堂上，如果你在回答别人的问题时说：'这个书上有写，看看就知道！'这种回答是不行的。"当被问及数学为什么要这样子来学的时候，贾丝明回答说："因为在数学里，重要的不是选择某种方法，而是选择这种方法的理由。条条大路通罗马，生活中很多事不止一个解决方法，也不止一个答案。所以我们会把精力放在研究'为什么这种方法能起作用？'上。"解决数学问题可以有很多种方法，这几乎是铁路高中学生的共识，同时他们也非常重视数学中的论证和推理。所以，沟通、帮助、论证、推理就是铁路高中的课堂重点。

此外，铁路高中的老师还相信学生都是"聪明"的，他们珍视每个孩子在不同方面表现出的过人之处。老师们深知当下的数学学习现状，很多人会觉得自己不够聪明，无法学好数学，从而在数学学习的道路上给自己设限。但他们也知道，所有的学生都有能力在数学领域做出贡献，所以老师会留心观察，夸奖每个孩子做得好的地方。这种教学方式取得了显著成果，比如，但凡来铁路高中参观的人，都会感叹学生的精神面貌真的很好。孩子们积极进取、充满自信，相信自己在数学上可以取得成功。

项目制教学方法

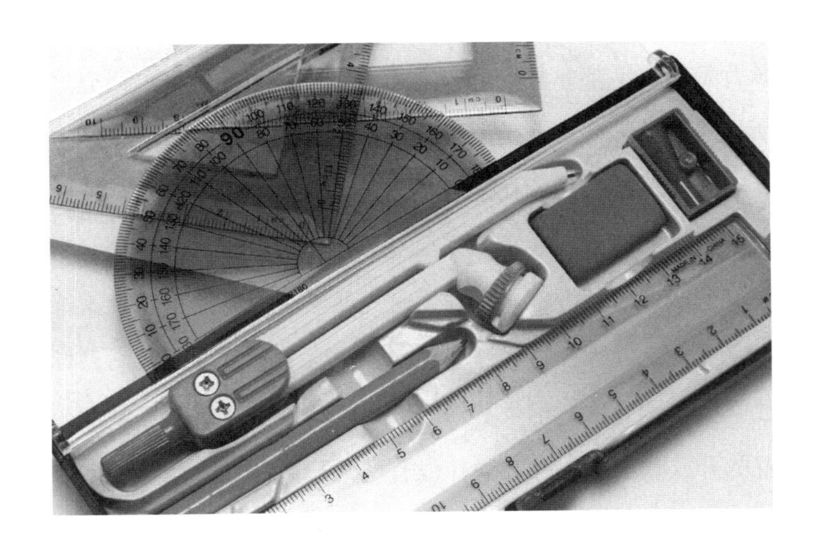

凤凰园中学的项目制教学方法

其实一开始，我对凤凰园中学的教学方法了解不多，所以没有多大想法。我只听闻他们采用的是项目制教学方法，于是邀请他们加入我的研究项目。我在开学第一天的早晨就踏进了校园，穿过宽阔的操场，带着些许忐忑走进学校教学楼。还没上课，我看到有一群学生聚集在教室外面，于是走过去请他们预告一下待会儿的课堂是怎么样的。他们的回答很出乎我的意料，一个学生说“乱糟糟的”，另一个学生说“非常自由”，这两个形容词让我更加好奇了。时间齿轮一转，转眼过了三年，我旁观着学生们在教室里进进出出，听取了上百节数学课，深入学生堆里了解他们的学习情况，这时的我终于明白了那两个形容词的意思。

凤凰园中学是我第一个纵向研究的对象。和铁路高中的研究一样，我需要旁听课程、采访老师和学生、从各维度评估学生的学习水平。我同样追踪了两所学校的学生，陪伴他们从 13 岁一直到 16 岁。

这两所学校采用不同的教学方法，一所是凤凰园中学，采用的是项目制教学方法；另一所是安布尔山中学，是典型的传统教学方法。这两所学校的生源背景和水平都非常接近，师资力量相当，在我开展研究之前，这些学生所接受的数学教育也是类似的，两所学校新生的数学成绩也处于相同水平。唯一明显的区别，就是教学方法。

凤凰园中学的教室看起来确实很乱。与传统教学方法相比，项目制教学方法没有那么多条条框框。老师不是先教给大家方法再让大家练习，而是让学生完成一个课程项目，这个项目里蕴含着这堂课的教学目标，即了解某种数学概念和方法。学生从八年级入学，到十年级的下学期，都在做老师布置的开放式项目。在英国，没有所谓代数课或几何课的区分，所以学生整学期都在学综合性的“数学”知识。单个项目制学习通常持续 3 周左右，每个项目小组的成员都由不同水平的学生组成。

项目开始的时候，老师会简单介绍一下项目研究主题，随后就由学生自己探索，运用自己的聪明才智和正在学习的数学方法解决问题。这些问题通常比较开放，这样学生就可以根据自己感兴趣的方向进行研究。例如，老师请大家找一个体积是 216 个单位的物体，学生就要自己去思考这个物体可能是什么，长、宽、高各是多少，可能是什么样子。老师有时会在一个新项目开始前把可能会用到的数学概念教给学生。又或者在项目进行到一半，需要知道这个方法的时候，老师才站出来给小组中的某个成员或整个小组介绍方法。在这里，我举一个十年级课堂的例子让大家感受一下。课堂上有两位学生，一位叫西蒙，一位叫菲利普，以下是我的问题和两位学生的回答：

西蒙说："我们的课堂通常是先领取一个任务，在学习所需的技能之后我们继续完成任务，必要的时候我们会寻求老师的帮助。"

菲利普说："有时候老师只给我们任务，然后放手让我们去做。我们可以探索用不同方法完成任务，所以老师教给我们的技能基本上都是根据任务来的。"

我说："那你们不同的小组，都会做同一个任务吗？"

菲利普说："大家都是做同样的任务，但是从哪个方向做、做的方法、做到什么层次，就留给每个小组自己发挥了。"

在项目制教学的课堂里，老师竟然把主导权交给学生，相信这在其他地方都很少见。学生可以选择自己想做的项目，甚至连项目的研究方向和呈现形式都可以自己决定。这不可避免地会造成项目间的难易程度不同，所以老师也会稍做引导，让孩子的优势和能力与课题项目匹配恰当。

在一次旁听课上，我看到同学们在做"36 根木桩的栅栏"的课题项目。开始的时候，老师让大家都来到黑板前，于是大家撸起袖子把凳子搬到前面来，围成一个弧形坐好。这个老师叫吉姆。他说道："从前有个农场主，他家里有 36 根木桩，每一根的长度是 1 米，如果想要围住尽可能大的区域，这个栅栏可以怎样围？"吉姆老师让大家讨论栅栏可以围成什么形状。同学们有些说长方形，有些说三角形或正方形。吉姆老师又问：

“要不要试试五边形？”这引起了同学们的思考，吉姆老师又问大家要不要试试不规则的形状。经过一番讨论，吉姆老师让同学们回到座位继续独自思考。

凤凰园中学的学生也有选择独自学习和小组合作的自由，所以大家就开始分头研究了。有些同学着手研究长方形和正方形的面积差异，通过画图来研究不同边长下面积的变化。而苏珊同学独自埋头研究，她打算看看六边形是不是面积最大的。她向坐在一旁的我解释说，把正六边形分成六个等边三角形，就能计算正六边形的面积。她单独拎出其中一个三角形，知道等边三角形的每个角一定是 60 度，所以她可以用圆规精确地按比例画出等边三角形，并量出三角形的高以求得面积。

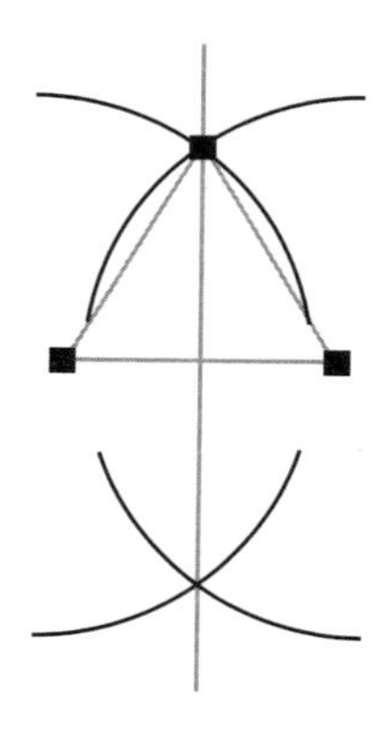

接下来，我把目光从苏珊移到两个男生身上。米基同学发现周长为 36 的矩形里，最大面积的边长组合是 9×9。这给了米基一个灵感，是不是边长相等的图形面积会大一些？于是他准备试试等边三角形。结果隔壁的艾哈迈德告诉他，如果只有 36 个栅栏，那么组成 36 边形的栅栏面积最大！艾哈迈德建议米基也来试试 36 边形，他兴奋地凑到桌子对面解释起来：“把 36 边形分成 36 个三角形，而因为栅栏宽 1 米，所以所有三角形的底边都是 1 米。”米基也跟着说：“而且它们的顶端内角是 10°（360° ÷ 36）！”艾哈迈德说：“是的，但还有三角形的高没求出来。要算出高，可以按计算器上的棕色按键 tan。我来告诉你怎么做。科林斯老师刚才已经告诉我了。”

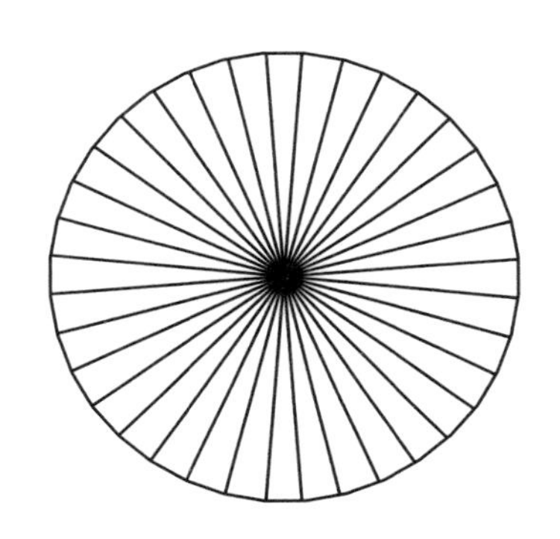

米基和艾哈迈德两位同学不知不觉靠在了一起，投入地用正切（tan）的概念来计算面积。

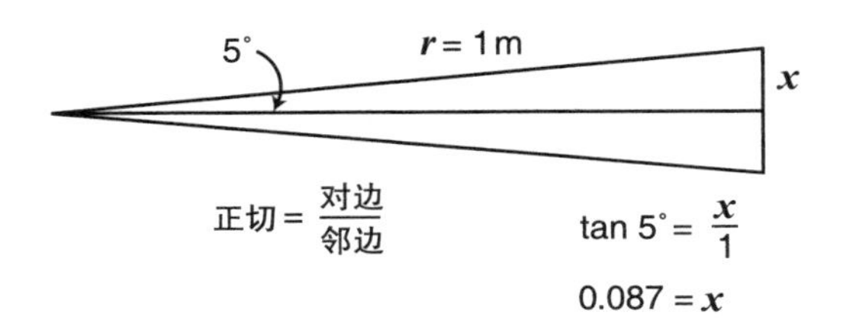

在这堂课上，很多同学都会想到把图形拆分成三角形来计算面积，于是老师就能趁机给大家介绍三角函数概念。在这种情形下，同学们学习三角函数概念的兴趣就更高了，因为三角函数概念能帮助他们解决项目中的问题。

在这里，老师把知识教给大家，是因为这个知识能帮助学生解决遇到的问题。又比如，在一项“解读世界”的教学活动里，学生就学到了统计学和概率等概念。在这个项目中，学生能从本科率、怀孕人数、足球比赛结果，以及其他感兴趣领域的数据中解读出有意义的事情。学生通过研究规律，用字母指代不同主体及其关系来学习代数；通过“36 根木桩的栅栏”以及物体阴影问题学习三角函数。

老师精心挑选项目主题，让学生都感兴趣并参与，然后寻找机会给他们讲解数学知识。有些项目以真实场景为背景，让学生了解现实世界的情况；有些项目则以故事或情境为包装，如“36 根木桩的栅栏”的故事，让学生在情境中进行调查研究。只要项目进行下去，学生就能学习新方法，再结合他们熟悉的方法，在实操中不断将这些方法结合运用，内化成自己的知识。也因此，凤凰园中学的学生懂得灵活运用数学，将数学看作解决问题的工具。

我采访了入学两年的学生琳赛，她描述了她学习数学的方法。她说：“当我们发现一条规律或一种方法，我们会试着把它应用到其他地方。比如我们发现了圆的规律以后，遇到新的场景，我也会试着把它用起来。”

学生在协作形式上也有很多选择。他们可以选择三人及以上的小组合作，或两人合作，或者单干。项目主题和研究对象也能自己选择，老师鼓励大家找到自己感兴趣的方向，做难度适中的项目。

在凤凰园中学，纪律比较宽松。项目中的各种事情，学生可以选择做或不做，达到目的即可。大多数学生喜欢这种自由的学习氛围。西蒙同学就和我说：“你可以尽情探索，没有太多限制，上数学课真的很有意思。”

安布尔山中学的传统教学方式

在安布尔山中学，老师们用的是传统的教学方法，这在英国和美国的学校里非常常见：老师在黑板前把数学方法讲过一遍，学生就开始做题。

比如，安布尔山中学的学生要学三角函数，老师没说三角函数是一种解决问题的工具，而只是告诉同学们，这是书本上的概念，需要学习。学生要做的就是背公式：

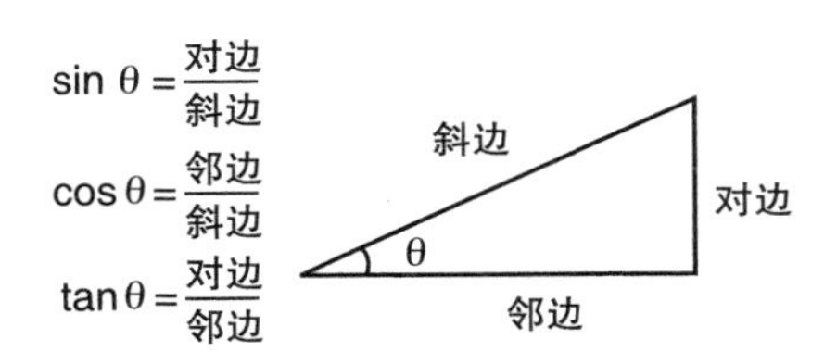

然后通过题目来熟悉公式的用法。

安布尔山中学的练习题通常含有比较简单的情境，例如：

自行车运动员海伦在前 1 小时的路程中，以 30 千米 / 时的速度骑自行车；接着，又以 15 千米 / 时的速度骑行了 2 小时。海伦的平均速度是多少？

这里的课堂氛围总是安静祥和的，同学们在课堂上基本都在做题，安安静静地做题。学生被安排两两坐在一起，在互相核对答案的时候可以小声交谈，但对数学题进行激烈讨论的话是不行的。

我跟踪观察了这些孩子足足 3 年，大家都很努力学习，但对数学提不起兴趣。安布尔山中学的学生只觉得数学课都在死记硬背和拼命做题。学校里的斯蒂芬同学也认为："数学就是一条条公式、一个个死方法。比如从 a 到 b，有一条特定的公式解决它，没有其他方法了。或许也是有的，不过首要任务还是记住老师给的公式。"这种想法令人担忧。要背诵的东西太多，学生觉得，自己已经没必要动脑筋了。连名列前茅的学生路易丝都觉得："学数学，记住怎么做题就行了。反而在其他学科，我可以思考一下为什么。"

安布尔山中学和凤凰园中学在教学方法上有很大区别。安布尔山中学的学生在课业上花费的时间更多，但认为数学就是要死记硬背，没有多少人像凤凰园中学的学生那样，是对数学感兴趣的。安布尔山中学的学生成绩很好，题都能做对，但并不是在理解数学概念的基础上，而是记住了老师上课教的做题步骤，并在做下一道相似的题时将老师的做法作为提示。

比如，5 分钟前，老师在黑板上写下了 A 题的解题步骤，随后学生要做另一道和 A 题类似的 B 题，那么，按照刚刚老师做题的步骤完成题目，基本不会出错。他们也有心理准备，B 题可能比 A 题稍微难一些，但主要的解题步骤是一样的。认真审好题目，所有给到的条件都应该用上，如果没有全部用上，他们就觉得肯定是哪里没做对。

可惜考试的时候没有提示，加里同学就觉得上课容易考试难："考试题目总是和平常做的不一样，和书里的不一样，和老师平常上课讲的也不一样！"加里同学的感想似乎在告诉我们，课本、老师总会在带领大家做题时或多或少泄露一些提示，大家跟着老师的思路走就行，但考试没有提示。特雷弗同学反思自己的成绩的时候也谈到这一点："如果这节课讲'联立方程'，我自然知道做题目要用到联立方程。所以老师上课时主要讲了什么方法，这个方法就是我做作业时优先使用的方法。"当我问："那么考试的时候，没有这个提示，你是什么感觉？"特雷弗回答："当然是像无头苍蝇一样啦！"

在英国，所有学生在 16 岁的时候，都要参加全国统一的数学水平考试。考试时间 3 小时，都是传统的简短的数学问题。尽管凤凰园中学和安布尔山中学的教学方法不同，但备考过程比较类似，就是做以往的真题、练习题。凤凰园中学的老师会在考试前几周停止项目制学习，在冲刺阶段教学生书本上的标准解题方法。于是课堂氛围逐渐向安布尔山中学靠拢，老师在台上讲方法，学生在台下做题。

很多人猜安布尔山中学的学生成绩会更好，毕竟他们从学期初就开始针对水平考试做练习了，但成绩更好的是凤凰园中学的学生。令人惊喜的是，入学之初凤凰园中学的学生成绩还略低于全国平均水平，但现在已经高于全国平均水平了。

凤凰园中学的教学成果震惊了全国，各大报纸都在报道他们的教学方法和理念。项目制教学能培养出优秀的实干家，这在大家的预料之中，可是这种松散的、脱离应试教育的方法，学生们没有死记硬背和奉行题海战术，竟然也能在考试中取得不错的成绩。

独立报

一群数学教育界的先锋教师

泰晤士报

数学成绩大跃进！这所学校用的方法竟然是……

卫报

最理想的教育方式已诞生

这些报道的标题都颇为夸张，但确实让凤凰园中学的教学方法获得了应有的关注。

反观安布尔山中学的学生，投入的时间和精力都很多，却出乎意料地在考试中失利。原因是在课堂上，老师给的是指定方法，学生不用动脑思考选择什么方法。但在考试中，他们必须要面对方法的选择，这对他们来说是难上加难。比如艾伦同学就认为："烦死了，上课的时候，虽然题目很难，也不免会算错一两道题，但大多数题都能做对。那时我就想'考试应该也能做对大部分题目吧，毕竟每节课我都是这么做的'，可结果并不是这样。"

在挑选某个概念或某种方法解题的时候，安布尔山中学的学生会混淆以往老师教过的方法。例如，面对一个联立方程，安布尔山中学的学生尝试匹配上曾经学过的解题思路，但只有 26% 的学生能做对。做错的同学用了另一种数学概念，结果失分。

凤凰园中学的学生尽管没有一一对应着考点来学习，但他们懂得灵活解决问题。当面对考试题目时，他们只要按照平常解决问题的心态去做就好。在课堂上学到的方法，他们懂得选择、调整和应用。我问学生安格斯在考试中是否有自己没见过的题目，他想了一会儿说："我想考试难的地方就在于把不同章节的内容混淆起来考。但如果有些题是我以前没有做过的，我会努力思考出题人背后想考什么，并尽我所能地回答，如果没做对，那我也尽力了。"

凤凰园中学的孩子提升的不仅是成绩，他们从中受益的还会更多。因为我的研究还要考察这种学习方法对学生的生活是否有正向影响，所以这三年中我对学生进行了一系列评估，旨在评估学生在现实生活中应用数学的能力。

比如，在"建造房屋"的实操里，同学们要测量房屋模型，使用比例尺规划，估算房屋尺寸。凤凰园中学的学生在所有维度的评估中都优于安布尔山中学的学生。同时，因为许多学生都会在课余时间打工赚零花钱，于是我采访了两所学校的学生，发现差异也很大：40 名安布尔山中学的学生都表示，在学校学的方法，在校外都用不上。理查德同学告诉我："说实话，出了校门，数学知识都没什么用，我也不会用在其他地方。"安布尔山中学的学生认为，数学就是考试用的，在教室里才会使用。有这种观念，说明他们学到的知识都只能留在学校。

在凤凰园中学，同学们都相信学来的知识以后肯定用得上。他们也会跟我分享在工作和生活中是怎么运用在学校所学的知识的。种种例子都表明，他们在课堂中所学的知识都能超出课堂的界限，成功触及生活领域。

教学方法对人生发展的影响

很多人想知道，不同教学方法对学生的未来有什么影响。为了继续调查这个问题，我还会对两所学校的学生做定期随访。当这批学生到了 24 岁的时候，我通过问卷和访谈的形式，请他们谈谈这些年的经历，了解学习方式对他们的人生产生的影响。

比如，在调查中我会问及他们的职业，再根据职业门槛、收入等信息给他们做社会阶层的分类。结果很有意思。还在学校的时候，大家的社会阶层基本上由父母的工作决定，差距不会太大。但在两所学校的研究结束 8 年以后，凤凰园中学毕业的学生比安布尔山中学毕业的学生从事着门槛更高、专业技能更强的工作，尽管他们在校期间的成绩基本相同。我还对比了这些学生的职业与他们父母的职业，从中找到区别。凤凰园中学毕业的学生，有 65% 在成年后找到比父母更专业的工作，可谓青出于蓝，而安布尔山中学毕业的学生中工作比父母专业的比例仅为 23%；安布尔山中学毕业的学生有 52% 的人的工作不如父母专业，凤凰园中学毕业的学生仅有 15%；凤凰园中学身处经济发展落后的地区，但学生毕业后不管在职业还是在收入上都有明显的提升，但从安布尔山中学毕业的学生，则没有明显提升的迹象。

除了问卷调查，我还专门到英国找当年的孩子进行后续采访。我选择了两所学校中考试成绩相当的年轻人作为访谈对象。在采访中，我明显感觉到凤凰园中学的孩子在成年后保持着积极向上的态度，他们从前在学校训练出来的问题解决能力，对工作和生活都有正向作用。比如其中一位同学阿德里安在大学学习经济学的时候，就用上了中学的习惯："在课本里，我经常被各国经济形势等图表和数据搞得眼花缭乱，但我总能用批判的眼光看待这些数据。在高中时学习数学的方式，让我习惯性检查这些图表是怎样得来的，是否含有不同利益方导致的偏颇。那时候训练出来的能力让我受益匪浅。"

另一位毕业生保罗是一名高级酒店经理，我问他在学校学的数学知识在职场中能不能用上，他的回答是肯定的："工作中遇到的问题都或多或少能和从前的课题项目搭上关系。毕竟数学就是用数字来诠释各种规律，每当我在处理具体事务的时候，我都会看看能否用数学来解决。数学对我来说，就是用来检查逻辑、解决问题的。"

凤凰园中学的学生在毕业后仍把数学看作解决问题的工具，他们对学校的教学方法普遍持积极态度，但安布尔山中学的学生不明白在学校学的知识和工作有什么关系。如果说学校的教学是为了帮学生做好准备，以应对未来的生活和工作，安布尔山中学的学生普遍认为他们接受的教育是失败的。

布里奇特同学则悲观地表示："我觉得当年在学校学的知识和现实生活毫无关系，我完全看不到两者之间的关系。如果当年我能领悟到这些知识的用处，那该多好呀！因为那样我就知道为什么要学，为什么要从这里学起，学到什么程度。每个学生对学习心里有数，并把知识与现实生活联系起来，这才是最重要的。"

马科斯同学也很苦恼，他觉得当年从学校学来的知识，与生活、工作都是脱节的："在学校里学数学，背就行了，考完试后知识就丧失了意义。所以从前父母常常念叨数学用处可大了，要我好好学数学，其实就反映出在当时的我看来数学是没用的，因为有用的话，就不需要父母来提醒我。学校教的数学太抽象了，都是理论知识，如果理论没有结合实际，那我们学完后很快就会还给老师。"

我在《体验学校数学》一书中呈现了凤凰园中学和安布尔山中学的教学方法，引起了许多欧美教育工作者的关注，并且此书有幸获得了英国国家图书奖。许多老师找到我，表达他们想借鉴凤凰园中学的教学方法，但由于缺乏政府、学校和家长的支持，他们没法贯彻这套教学方法。我知道当家长听到孩子说数学课枯燥无味时，他们常常不知道怎么办，有时甚至觉得数学可能就是这样——学得辛苦，学完无用，忍一忍，考好试就行。但事实上，家长在改善数学教学方式中扮演的角色是非常重要的，且家长的作用非同小可。感兴趣的家长可以翻看本书第九章，看看推动学校采用铁路高中和凤凰园中学的新型教学方式，家长可以做出什么行动。

我介绍的两种教学方法都属于综合研究的课题，尽管它们起源于不同的国家，但其研究结果都告诉我们一个道理：有效的教学应该唤起学生的自主学习意识，同时应该让学生走出课本，接触更广泛的数学形式，学习方法的实操应用、学会表达、学会交流。

我在斯坦福大学任职的时候，经常有各地家长来电，请我推荐优秀的数学教科书。这个问题其实很难回答，因为我相信老师才是教学中的主要角色。哪怕教科书再好，如果老师不懂得把书用好，也是没用的。不过，的确有很多数学书以唤起学生的学习积极性为宗旨，里面不乏非常有启发性的问题。

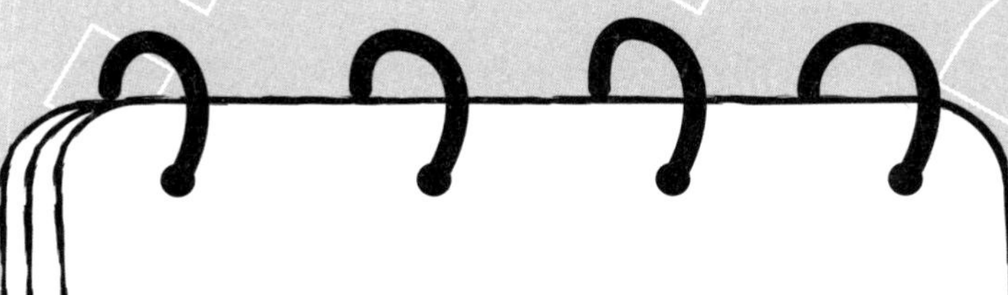

第4章

考试，正在反噬学习本身：探寻一种让学生主动学习的考核形式

也许很多人都听说，当今的美国小孩被各种大小考试压得喘不过气，一个学期的考试次数比其他国家多得多，但美国的考试形式却是其他国家嗤之以鼻的。美国的考试系统独立于世界之外，并不是自己有多优秀，而是水平太落后。铺天盖地的考试，考试方式还有害无利，不仅对学校和老师没有好处，更不利于学生心理健康发展和树立正确的数学学习观念。

有多年教育书籍编著经验的美国教育专家阿尔菲·科恩就评论说："考试是教育之害，标准化考试如今已经偏离了教育之目的，并膨胀得像一种入侵生物，挤压着学校和课堂教育资源。"

考试如今不断膨胀，呈现出压倒一切的趋势，亟须干预和改变。好在有一部分教育工作者发现了一种有效的考试形式，不仅能考查学生学会了多少知识，而且能诊断学生的学习方法，帮助学生提高学习能力，这在美国掀起了一轮教育改革。这项考试改革叫作"助学型评估"，已有研究证明它的有效性，如果推广至美国更多地区，那么美国整体的数学水平将大大提高，预计能帮助美国在国际水平中提升至前五名。英国有一本讲教学气氛营造的书《黑盒子的奥秘》非常畅销，里面详细介绍了一种新的考试形式。参与研究的学校在采用这种考试形式后，学生的成绩大大提高，学习态度也有了明显改善。

如果你对这种考试形式感兴趣，那么可以接着往下看。我会详细解释目前新型的考试形式，让家长有意识地评估学校是否符合标准，同时教会家长支持学校的政策改革。“助学型评估”的目的是培养学生主动学习和自我规范的能力，让学生学会调整自己的学习计划。

数学本是一门改变学生人生观的独特学科，却被考试破坏，严重影响了其课堂氛围和学生的心态。现在这种考试形式不会让学生感到压力，不会扭曲老师的教学工作，还能提升学生的学习水平。我并不是夸大其词，请继续往下看。

当今考试现状

美国学生从小就要接受标准化考试。其他国家的考试形式一般是学生写下运算过程，老师批改，而美国考试则由纯选择题构成，由机器批改。这种考试形式放在美国外的任何一个国家都是非常少见的，而美国却特立独行，几乎所有考试都做成纯选择题，这无疑背离了考试的本意。

其一，想要评估学生的理解能力、思考能力以及表达能力（比如运用文字、数字和符号来表达），让学生写下解题过程就能直观考查出来，而选择题无法考查如此多维度的能力。其二，多项选择题的测试形式无法对所有学生做到公正公平，尤其是对少数派群体和女性。现在多项研究证明，女生比较不擅长做选择题，最明显的证据就是 SAT[①] 考试。SAT 考试是大学准入考试，关系到大学生源的筛选，女生的考试成绩偏低，但等进入大学，女生的平均成绩往往反超男生。其三，严格时间限制下的选择题容易让学生产生压力和焦虑，导致当下学生心理负担过重。其四，选择题的初衷是考查学生面对不同选项的权衡选择能力，部分学生可能仅在权衡

---

① 由美国大学委员会主办的标准化考试，也称“美国高考”。

选择方面能力较突出，他们就成了如今的考试模式下的获益者，成绩名列前茅；而其他学生，哪怕知识掌握得很好或是非常聪明，如果权衡选择能力差，就等于在学术生涯中全盘失利。马丁·路德·金就是一个典型例子。作为美国最具影响力的作家之一，他从小就显露出学习天赋，16 岁上大学，但在考研究生的时候成绩排在了倒数 10%（包括数学和语言考试）。一道选择题，并不能判定学生学得是好是坏，也不能判断其步入社会后，面对复杂工作或尖端技术时处理问题的能力。

除了选择题比重过大外，美国大多数地区实行的数学考试都比较单一狭隘。考试背离数学能力的核心，不评估思考、推理或解决问题的能力。相反，考试仅仅考查特定时间限制下完成单一任务的能力。当然，我并不是说完成单一任务的能力不重要，但如果这种能力不能解决实际问题，那么这种能力就毫无用处。如果学生不懂什么时候可以使用这些方法，不懂把解决单一任务的方法应用在复杂问题上，那学习、考试的意义何在？

考试的一大重要原则就是告诉学生什么才是学习重点，但美国大部分考试没做到这一点，反之，它还扭曲了教学内容和教学方式，这是最令人担心的事情。在美国，大部分数学老师都疲于备考，顾不上什么数学学习或课堂氛围。考纲考什么，老师就注重教什么，对工作或生活有用的知识被安排在课程中最不重要的地方。

此外，学生还因为考试负担过重影响了成绩。例如，在北卡罗来纳州，因考试设置给学生造成过大压力，导致学生在自然科学、社会科学、艺术和体育学科中的成绩普遍下降。

很多人把成绩低下归咎于老师的素质，其实不是。我在斯坦福大学曾培养出不少教育工作者，这批人才不仅专业素质高，并且都有一份敬业的心。他们从名校毕业，放弃高薪，选择成为一名人民教师。这些老师深知思考和推理对学生来说非常重要，总想找机会领着学生解决更复杂的数学问题。但事与愿违，备考、考试占据了太多时间，学生的学业前途靠考取高分，所以不用考试的内容就实在挤不出时间来学习了。

糟糕的考试题目，正在反向侵蚀着学校的教学。美国教育专家阿尔菲·科恩采访了一位老师，她曾开发出一项备受学生欢迎的教学项目，鼓励学生精进自己的资料收集能力和文字表达能力。她还希望孩子们能在这门学科中培养专研精神，这对不少学生来说都是学习生涯中的高光时刻，多年来谨记着老师的教诲。但因为考试负担过重，她不得不停掉项目，转而为学生准备毫无意义的考试。正如科恩教授评论："孩子自发地提问原本是件好事，这就是绝佳的教育机会。可惜现在好学爱问的孩子在课堂上成了干扰纪律的问题学生。学生感兴趣的地方可能在别处，不一定是考纲里的重点。"一门学科的知识是深厚而广阔的，不可能简化成一条条考纲，更不可以为了考试而放弃学生的技能训练和实操能力的培养，这种因噎废食的做法对美国教育危害极大。

不少研究标准化考试的调查表明，这种考试有百害而无一利。不少一锤定音的学业考试决定着学生的前途，可能会让学生拿不到毕业文凭，或者没机会进入大学。这些考试原本只在小范围施行，并且在有良好的参照系数的情况下施行，但如今已经发展成全国性水平考试了。两位研究学者奥德丽·阿姆雷因和戴维·柏利纳曾对比过不同地区的教育政策，重点放在本地区是否通过学业考试决定学生的学业去向上。研究人员的标准是：考试是否提高了学生的学习成绩。"成绩"并非单指学生取得的考试分数，而是借助其他评估方法综合评估，比如具备权威性的美国国家教育进展评估（NAEP）和美国大学先修课程（AP）考试。他们发现，在推行学业考试的 18 个地区中，有 17 个地区的学生成绩持平或下降。这些学业考试也滋生了不少教育行业问题，比如优秀教师人才流失、作弊风气上升和高中辍学率上升。波士顿高中校长琳达·内森表示，不少学生退学都仅仅因为毕业考试没通过。

美国施行考试对低收入家庭的儿童和母语不是英语的学生影响最大。美国富人和穷人在学业成就上的差距极大，使得美国已经没有资格再说自己是追求平等的国家了，所有美国政府官员都应为此感到羞耻。布什政府出台的《不让一个孩子掉队法案》规定，标准化考试必须在全国范围内实施，目的原本是消除不平等现象，讽刺的是，这种全国统一考试反而加剧了不平等。

让我们把目光移回数学考试上，从考试题中我们就能预测出其负面影响。下面就是加州标准化考试之一，SAT-9[①] 的考试内容：

有线电视工作人员在给 4 栋相同的新房布线后，发现携带的 1000 英尺[②]长的线轴上还剩下 120 英尺的电缆。如果今天工作人员带出来的线轴是全新未开封的，那么哪个方程可以计算平均每个家庭使用的电缆长度（x）？

a. $4x + 120 = 1000$
b. $4x - 120 = 1000$
c. $4x = 1000$
d. $4x - 1000 = 120$

是不是看到这道题，会让你想起学生时代的数学题阴影？是不是觉得

① 斯坦福成绩考试第 9 版。

② 英美制长度单位，1 英尺合 0.3048 米。

这道坎你永远也迈不过去？但其实，不会做这道题并不意味着不会做数学题，因为这类题本身就有缺陷，根本考查不了数学能力。

首先，让我们看看问题中使用的语言：

“有线电视工作人员在给 4 栋相同的新房布线后，发现携带的 1000 英尺长的线轴上还剩下 120 英尺的电缆。”

这种表达方式很不接地气，似乎是为了糊弄母语非英语的学生，里面还包括电缆、线轴等专业用语。其次是设题语境。有线电视工作人员上门布线，这是一般家庭很少遇到的情形，除非家里新装修。研究表明，这类陌生的设题语境对女生、工人阶级学生和少数民族文化群体的学生有更大的负面影响。如果学生能够克服语言障碍、语境障碍思考数学问题，开始求得平均每个家使用的电缆长度的数学表达式：$x=(1000-120)\div 4$，选项里居然没有。那么这个奇怪的问题到底在评估什么呢？想要做对这道题，只能靠学生面对奇怪问题时的排除和选择能力、对电缆布线知识的了解，以及看不懂题目时的上下文推测能力——但这些都没在考量数学能力。重要的是，面对这类题目，女生、语言不通的外籍学生、低收入家庭学生，以及少数民族和少数文化群体的学生将会处于劣势。在此要说明一下，我虽然强烈批判这道题的情境设置，但并不是说在课堂上不能使用情境。前文我们提到，情境为学生提供了启发性和趣味性。可是用在课堂上的情境和用在考试中的情境并不能等同。其他国家的考试会尽量弱化情境的使用，因为情境容易受文化的影响，对某些学生群体来说是陌生的，从而助长了不平等。

在研究中，我们发现一些学生，特别是母语非英语的学生做我的斯坦福研究项目设计的评估题目时得分很高，但在现行的标准考试中得分很低。那么，斯坦福研究项目出的题目是怎样的呢？

1. 图中矩形的两条边长分别是 $2x+4$ 和 6。

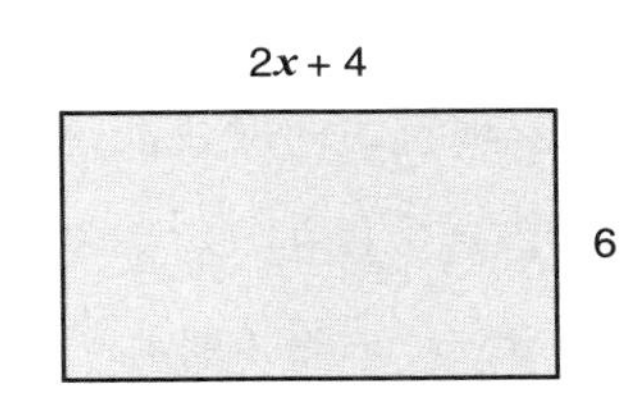

（1）请表示出矩形的周长，并尽量简化表达式。

（2）请表示出矩形的面积，并尽量简化表达式。

（3）请找出一个新矩形，面积与原矩形相同，但两条边长不能和原矩形一样。请把矩形画出来，并标出两条边长。

2. 请解出以下方程。

（1）$5x-3=101$

（2）$3x-1=2x+5$

因为要对照现实中的考试时限，题目都设置得短小精练。这些问题虽说不上是完美的考试题型，但在几个方面都考虑到位，相比于标准化考试中的题型，它也做出了较大改进：首先，在问题中尽量避免易产生歧义或模糊不清的语句；其次，问题没有长难句；最重要的是，问题聚焦在数学理解、运算本身。与 SAT-9 等标准化考试相比，这类考试还能在备考过程中给老师和学生提示：在未来的学习中，应该怎样才能学得更好。

还有证据表明，现行的考试，考核得更多的是语言理解而非数学。在 2004 年美国加州地区的考试中，学生的数学类考试和语言类考试的成绩相关性达到 0.932。高度的相关性表明，当下的数学类考试和语言类考试评估的内容是类似的。虽然学习好的学生也许数学、语言成绩都会好，但

0.932这个数据高得惊人，几乎等于把一套题在不同时间里考了两次。在语言和数学两门考试成绩高度相似的情况下，语言类考题中没有数学，但数学题中却出现了复杂的语言理解，由此我们几乎可以说，数学考试实际上考的是语言。于是满是语言理解题的"数学考试"成为数学水平的评估标准，而考试内容又反过来使学校不得不教与数学无关的知识。

铁路高中有一位来自尼加拉瓜的同学西蒙，他小时候搬来这个国家，但上小学的时候他满是挫败感，因为他听不懂老师在说什么。不过后来西蒙来到了铁路高中，所有功课都完成得很出色。在铁路高中的西蒙，精神面貌很好，是老师眼中讨喜的孩子。西蒙说，铁路高中的老师告诉他，请相信自己是聪明的人，有能力攻克难题。所以他慢慢变得开朗自信，并取得了成功。

当我在铁路高中见到西蒙的时候，他和我说自己喜欢数学，并且在科学的数学水平评估里（包括斯坦福大学研发的评估），他的表现都非常好。尽管如此，他在政府组织的标准化考试中还是成绩平平。原因其实和数学能力无关，而与试卷上的生僻字、长难句以及远离真实生活的情境设置有关。

我发现铁路高中里英语非母语的学生都有类似情况，在统考中失利。因此老师不得不牺牲数学技能练习时间，转而让学生专攻统考要考的选择题。看到老师和学生把时间都花在应试备考上，尤其是放弃学习数学技能，而去学这些没有意义的做题技巧，我非常痛心。

除去考试目的失焦，分数的攀比也给学生带来不良影响。每当公布成绩的时候，学生只能看到自己的分数和排名，这会让学生时刻留意自己和其他学生的差距，但学生最该知道的反而没有被告知。比如，通过考试告诉学生这段时间学到了什么、学到了多少，这才是对学生有用的信息。而只公布排名有百害而无一利。像上文提到的西蒙同学，如果知道自己比别人做得差，还怎么保持信心？西蒙在铁路高中的课堂上提高了数学能力，但在考试中，语言理解有困难、考题情境设置很陌生，这使得他一样得不到好成绩。关键是，他没办法获得考试的有效反馈：他不知道哪些地方做得不好，也就失去了改正的机会；他也不知道经过整个学期的努力学习，他在哪些能力上有进步，哪些能力仍需加强。他唯一能收到的就是成绩单，上面写着自己的全国排名。全国排名中还掺杂着许多不公平的情况，比如有些地区允许学生考试使用计算器，西蒙所在的地区则不能用。于是，西蒙的勤奋和努力就被一张成绩单上的三言两语否定，上面写着“低于平均水平”。西蒙的父母看到成绩单，也对他感到失望，这进一步打击了西蒙的自信心。西蒙说：“从父母的视角，他们只看到我的 SAT–9 成绩单上大多数科目的成绩低于平均水平，尤其是数学成绩。所以无论我平常课堂表现多好，这场全国考试就判定了我是成绩低于平均分的差生，不能有异议。”

我问西蒙，成绩单会不会改变他对学习数学的看法。他点点头：“我已经那么努力了，结果考试成绩还是低于平均分，我是不服气的。我很喜欢数学，也尽全力解决好每个难题，但期末考试就给我这种成绩？”

按道理，考试应当让西蒙看到自己的学习效果，或是提示西蒙有什么需要查漏补缺的地方，但实际上两样都没有。这种考试只会给一个个学生贴上“成绩不好”的标签，摧毁学生的信心。

斯坦福大学心理学教授克劳德·斯蒂尔提出了“刻板印象威胁”的概念。研究发现，当一组学生被植入先入为主的观念，比如女生数学不好、少数民族学生学习不好等，那么考试成绩就会如他们所想的那样，女生和少数民族学生的成绩果然更差；而作为对比的学生组别，考试前没有被告知任何成绩好坏的观念，他们的成绩就没有明显的性别和社会学差异。

据我观察，教育领域的实证研究历来受实验对象的心态干扰，结果相互矛盾的情况大有所在，但在这个问题上结果都一样：如果和孩子说他们是差生，那么他们的成绩总会变得更差。

和西蒙同学有同样遭遇的还有该地区大约50%的学生，他们的成绩都是“平均水平”“低于平均水平”“远低于平均水平”。设计评分系统的人有没有想过，这会对学生的信心和数学成绩产生什么影响？研究显示，信心是提高数学成绩的内在动力，而现在，学生的成绩单似乎在告诉大多数人：努力是没用的。

一个10岁的英国学生在SAT考试前就开始怀疑自己。在接受采访时她说：“我好怕考试，奥布莱恩老师老是说我拼写错误，而班主任戴维老师每天早上都给我们布置算术小测，我真的怕死乘法了，所以我很怕SAT考试，我就是个废物。”当采访老师解释道，无论考试结果如何，她都不会是“废物”的时候，这个小女孩还是坚信，考试就会让她觉得自己是个“废物”。通过后续采访我们得知，尽管这位同学“文笔很好，擅长跳舞，很有艺术天赋，也脚踏实地”，但考试却让她全盘否定自己。低质量的考试、报忧不报喜的成绩单似乎还不够糟糕，许多老师还觉得有必要在课堂上安排类似的考试，为标准化考试做准备。

我在美国遇到的许多数学老师每周都会给学生布置一场数学测试，在每一章的末尾也会给学生出一份试卷，其中的题目往往是章节例题的变体。这样下来，学生的考试时间几乎和学习时间不相上下。此外，老师只顾布置小测和打分，却不重视错题，考完就急忙学习下一章节了。

国际数学水平评估专家迪伦·威廉将这种做法比作：“一架民航飞机的飞行员，他的目标是飞往纽约，但不知道自己的方位。于是飞行员飞了一段时间后降落在一个机场，他问总台：‘我到纽约了吗？’总台却不予回应，让他指示所有乘客下机，这样飞机就能赶去执行下一个航班了。”老师实质上也在赶鸭子上架：教完一个章节，来个测试了事；不管学生是否跟得上，下一章的进度不能落下；考试又考不出真实的数学水平，也提供不了有价值的信息，所以老师除了打分，也做不了什么。结果，学生不懂的还是不懂。即便老师想扭转这种局面，但难度不小，我相信老师的压力也很大，也暂时找不到更好的评估方式，因此无法对考试进行改革。

同时，老师也只告诉学生成绩和排名，没有很好地给学生诠释成绩的意义。排名反映的有效信息并不多，反而给很多学生带来负面影响。有一半以上的学生认为自己不如别人。当学生只得到一个排名，除了和他人做“比较”，什么也做不了。这种现象被称为“自我的被动习得 / 自我评判”，对学习的害处极大。一个包含上百项实验的研究综述告诉我们，有 38% 的研究都反映出考试排名的反馈形式对学习态度有负面影响。如果学生知道自己成绩不如别人，就可能伤害自尊，从而让自己放任自流或干脆不学数学。只知道成绩确实没有什么用，知道自己错在哪儿了才有用。一项研究发现，相比单纯的分数，积极的建设性反馈对学生益处更大，能让他们在未来的学习中更得心应手。可惜，这项研究还发现，随着学生年龄增长，老师给出的建设性反馈越来越少。从低年级到高年级，学生的学习动力和自我效能感都在逐步下降。

《不让一个孩子掉队法案》所实施的全国统一标准考试，既不考核数学学习情况，也不帮助学生查漏补缺，反而助长了比较和攀比的风气。其实大型考试最应该由学校发起，在学期末课程结束后进行，老师可以对比全国性或地区性的总体排名，但不一定要有学生个体的排名。并且考试质量应该提升，首先该改的就是纯选择题的考试形式。美国大学先修课程在课程结束时进行的考试就是很好的例子，它可以大规模地进行质量更高的评估，同时不影响课程内容或学习。同时，以考试为中心的课程设置也应该改进。课堂内容还有更多改进的空间，“助学型评估”就旨在彻底改变课堂评估的方式。

助学型评估能为老师、家长和其他关心学生教育的人提供高密度的信息，同时也赋予学生学习自主权。助学型评估不仅能反映学生的学习进度，还能告诉学生改进的方向以及如何做才能达到目标，大大提高他们的学习动力。同时，父母也可以参与进来，帮助孩子打下坚实的学业基础。

助学型评估

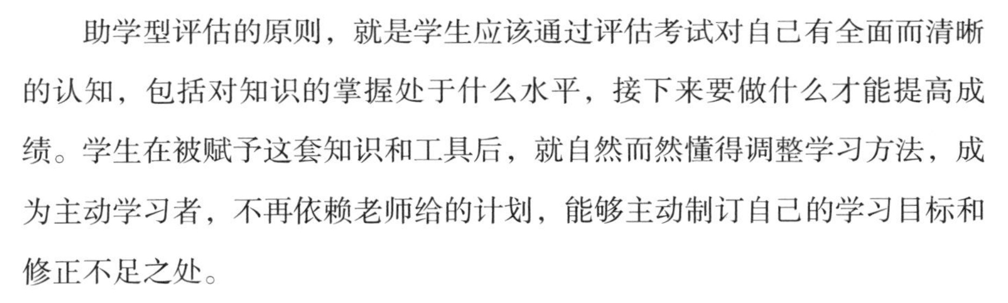

助学型评估的原则，就是学生应该通过评估考试对自己有全面而清晰的认知，包括对知识的掌握处于什么水平，接下来要做什么才能提高成绩。学生在被赋予这套知识和工具后，就自然而然懂得调整学习方法，成为主动学习者，不再依赖老师给的计划，能够主动制订自己的学习目标和修正不足之处。

让学生清楚自己的学习进度、清楚自己的学习方向似乎是教学的基本操作，但在大多数课堂里，老师和学生都没做到这一点。我旁听过很多课堂，采访过不少同学，问此刻他们正在做什么。在传统课堂上，学生的回答通常是自己在看哪一页书，或在做什么练习题。如果我明确地问："所以你到底在学什么？"学生只会迷茫地回答："第3题呗。"他们只能讲出课本的章节标题，但真的不知道自己的学习目标，不知道做完这套题目和提高数学思维之间的关系，不知道哪些重要、哪些不重要。学生毫无目标感，家长对此也爱莫能助。哥伦比亚大学心理学教授玛丽·艾丽斯·怀特把这种情况比喻成麻木的水手在学海中航行，每天都有事做，却丝毫不清楚也不关心船要驶向何方，也不明白这趟航程是为了什么。

助学型评估的第一部分是和学生沟通学习内容和学习方向，第二部分是告知学生他们目前所处的学习水平，第三部分是对学生未来的学习提出建议。这种评估方法的目的是促进学习，所有沟通都是为了帮助学生本人，推动学习者取得更大的成功，因此，这套考试体系得名“助学型评估”，而不是“学业评分”。

那么，这套考试体系在学校是怎样落实的呢？助学型评估与传统的考试又有什么不一样？

首先，同学间的互改互评环节可以让学生从氛围上感知到自己的水平、同学的水平和自己应该达到的水平。其次，老师制订的教学目标不是简略冰冷的章节标题和目录，而是详细说明每一节的学习重点以及知识点之间的联系。打个比方，老师会给学生一系列知识点掌握程度的描述，比如“理解平均数和中位数的区别，知道二者各自的使用场景”。这些陈述对学生来说是清晰的，他们能从中知道自己应该学到什么程度。在此基础上，学生就能根据这些陈述来评估自己或同学的学习水平了。有了对照标准，学生们就能更清楚地理解课程目标，以及自己与其他同学的差距。再者，通过每节课、每周、每单元的目标评估沟通，学生就能及时跟紧进度，不断深入了解课程设置和这门学科的本质。对家长来说，这也可以帮助孩子了解学校的教学目标，及时更新他们的学习进度。

在这套评估方法实操的过程中，研究人员发现学生对自己的学习情况掌握得非常好，没有高估也不会低估自己的能力。清晰的目标能让他们对学习进度审慎考量，准确地说出自己达到的水平和还没理解的知识点。而在互评环节，学生根据明确的标准来为同伴打分。这种方式出乎意料地高效，一来同龄人认知水平相似，交流起来更容易互相理解；二来学生更容易把同龄人的批评和建议听进去。同时，被同龄人打分，也是一个再次认识学习目标的机会。在互评的时候，也有一些要求，就是为同伴找到“2 个亮点和 1 个建议”，指出同学的功课里，两件做得好的事和一个可以改进的地方。当学生通过自评和互评，经常接触自己的学习目标时，就能对自己要学什么了如指掌，这就跟传统的学习模式有很大的不同。

关于自主意识与学习的关系，有两位心理学家做过非常细致的研究，他们是芭芭拉·怀特博士和约翰·弗雷德里克森博士。他们的研究对象是学习物理的 12 个班级，每个班级有 30 名学生。在每个班中，都分了实验组和对照组，在 12 个班级中教授同样的内容：力与运动。在对照组中，每节课都留出一定时间讲解今天的习题；而实验组用同样的时间进行学习目标的自评和互评。实验结果差异让人出乎意料，实验组的学生成绩在三个不同的随堂测试中都比对照组要好，其中那些以前成绩最差的学生反而取得了最大进步。通过自评和互评，以前成绩较落后的学生慢慢追上了名列前茅的学生，甚至参与助学型评估的低年级学生的成绩比普通高年级学生的成绩还要好。怀特博士和弗雷德里克森博士得出结论：学生成绩差，可能不是因为学习能力低下，而是因为不知道自己应该专注于什么。

和学生说清楚学习目标，并通过沟通了解学生是否理解，这一过程也为老师的教学工作提供了重要的信息。例如，有些学校用“红绿灯”的方式进行师生间的沟通。学生可以在作业上贴上红色、橙色或绿色的贴纸，来表达自己在做题的时候，对老师的讲解是清楚明白（绿色）、一知半解（橙色）还是一点也不懂（红色）。还有一些学校，老师在课堂上给学生派发三种颜色的纸杯：绿色、黄色、红色。如果学生觉得老师讲得太快，就摆出黄色杯子；需要老师暂停，可以摆出红色杯子。起初，学生桌上都摆着绿色杯子，因为不好意思换成红色杯子示意老师停下，但老师也会请摆绿色杯子的同学解释刚才的知识点。渐渐地，学生很少不懂装懂了，在课堂上听不明白的时候就会换成红色杯子。还有一些老师会给摆出不同杯子的学生分组，让摆出绿色杯子和黄色杯子的学生一起讨论，相互解决问题；摆出红色杯子的学生则由老师负责，从头为他们答疑解惑。通过这种方式，同学们会频繁思考“自己到底听懂了没有”“怎样才能学会”“我是否需要帮助”等问题。

这种思考对老师也很有帮助，因为老师可以实时获得教学反馈，而不是在考试时才收到学生们的“大零蛋”。同时，这种沟通方式也能让老师找到最适合学生的节奏和最适合他们的帮助方式。

另外，自评和互评的方式不仅能保证学生熟知学习目标、学习标准，还给学生大量机会表达自己对知识点的理解。对老师来说，掌握学生的理解程度和学习进度，可以帮助自己调整和改进教学方式，提高教学质量。

但这种教学方式要取得良好的效果也有前提，那就是需要老师和学生共同努力，调动双方的主动性。学生需要从被动的学习者转变为主动的学习者，为自己的进步负责；而老师不能执着于追赶教学进度，生怕学生耽误了自己的教学进度。其实，当走到检验教学成果那一步时，大家才会发现慢下来是更有效的教学方式。英国双主教学校的老师罗伯特写下了感想：“这种教学方式的意义在于让作为老师的我听到孩子的声音，而不是只把注意力放在自己身上。这样的话，我就更有信心帮助学生取得进步了。”

助学型评估的第三部分，是帮助学生掌握改进的方法。这就涉及一个概念：建设性反馈。心理学教授玛丽亚·艾娃和林恩·科尔诺给委内瑞拉三所学校的 18 名教师进行培训，教他们给孩子们的作业提供建设性的书面反馈意见，而不是单纯打分。老师应当对错题进行批注（就如何改进给出具体建议），并对学生的作业给出一次以上的积极评价。在一项研究中，有一半学生像往常一样只能看到分数，另一半学生则收到建设性反馈意见。收到建设性反馈意见的孩子，学习速度是分数组学生的两倍；在性别差异上，收到建设性反馈意见的男女学生之间的成绩差距明显缩小，学生对数学的学习态度也更加积极。

在另一项研究中，耶路撒冷希伯来大学教育学教授露丝·巴特勒比较了三种不同的反馈方式对学生的成绩造成的影响。学生被分为三组，一组仅收到分数；一组仅收到作业的批注，批注详细解释了与教学目标相比，学生的差距在哪里；最后一组能收到分数和批注。研究人员发现，只收到批注的那一组学生成绩显著提升，而仅看到分数的那一组则没有。让人大跌眼镜的是，收到分数加批注的学生，成绩并没有比仅收到分数的学生更好。原因或许是这些同学在看到分数的时候，注意力都在得分上，而看不进去老师的建设性反馈意见。

所以，一段能评估学生学习进度、有建设性的评语将对学习有促进作用，这种反馈方式应当成为标准化的反馈方式；而成绩虽然有助于学生之间进行交流对比，但过分频繁地给学生打分，反而会让学生产生压力，成绩更加不好。合适的方法是仅在课程或学期结束时给学生打分。一份更完善的建设性反馈意见应该包括学习水平反馈、学习观念的纠正以及接下来的学习建议。

一位助学型评估专家概括道："反馈应该具体指出学生可提升的地方，而不是告诉他们目前的水平。同时，尽量避免学生之间进行分数比较。"这很有道理。教练在训练运动员的时候不会只给他们一个分数，而是给他们提升的建议。所以，老师是基于什么理由，在同学们训练的时候反复对他们说"你是个差生"呢？

高等教育研究教授罗伊斯·萨德勒说过："想让学生进步，不可或缺的条件便是：第一，学生和老师对学习标准有共识；第二，老师能够在学习过程中实时监控学生的学习质量；第三，有针对不同水平学生的成绩提升方案。”助学型评估对学生和老师来说都是非常有用的，不仅能为学习者提供学习的关键信息，也能让老师根据学生的需要调整好教学方法。

助学型评估的主要目的是改进课堂层面的评估考试，但这些方法也可以应用在更宏观的水平考试当中。举个例子，老师的教学活动很大程度上会跟着统一考试的方向和形式走，所以全校、全区甚至覆盖范围更广的统一考试都可以延续助学型评估方法。

比如澳大利亚昆士兰州政府高度重视良性学习评估制度的落地和执行，他们搭建起一套客观科学的评估系统，这项制度早在 1971 年就启动了，此后不断发展和完善。

它要求学生参加两项评估：一项是基于学校课堂的“学习评估”，由教师在课堂上评估学生的学业表现，并由第三方委员会监督；另一项是对核心技能的测试。这套测试只是为了比较学生在不同科目中的表现是否差异过大。如果课堂的“学习评估”和技能测试分数差距较大，则优先取“学习评估”的成绩。因为“学习评估”能够达到科学考核的要求，学生、老师、家长都能从中得到有建设性的反馈信息。

目前，其他国家也在不断完善统一考试的形式，旨在更好地帮助学生学习。同时，也通过完善的系统对学生的学习进行公正、客观的衡量，确保所有评分者都遵循相同的标准。

而在美国，各地区的数学水平考试质量仍然很低，而且较为廉价（组织考试的企业却赚得盆满钵满）。政府没认识到当前评估体系的弊端，所以不愿意花钱改变，考试质量依然堪忧。但是研究发现，把钱投在教学评估改革上，其收益并不少。研究学者威廉曾比较过三种公认重要的项目——优化评估方法、提升老师的数学水平、推行小班制——的投入产出，威廉发现，提升老师的数学水平、推行小班制的成本都很高昂，收效甚微。相比之下，提升老师的评估反馈能力是一种相对便宜的干预措施，并且学生的学习效率还提高了一倍。在这种培训制度下，每位老师的培训成本不到五千美元，而学生在六个月内就能学会以往一年才能学会的东西。

良好的学习评估方法对每个课堂来说都非常重要。考试应该帮助学生了解正在学习的内容，给学生机会充分咀嚼和吸收知识，为学生、老师、家长呈现学习进度，并及时给予反馈。而对于考试结果，应该引导学生将注意力放在错题本身，而不是与他人的比较上。

助学型评估方法，促使学生从被动的知识接受者转变为主动的学习者，让他们自主调节学习进度，调用他们的自驱力得以进步；这套评估方法还拓宽了老师的教学思路，告诫老师不要只盯着考试，有更多方法了解学生对知识的接受程度，比如布置随堂任务，组织小组讨论和学生演讲等；而政府层面则从考试评估体系入手，在教师的教学评估方面发挥领导作用。

第5章

扼杀学习机会的分班制度：将学生分级就是束缚他们的未来

分班教学制度，即按进入学校之前的成绩（或学习能力）将学生分为三六九等，是教育界最具争议的制度之一。成绩好的家长当然支持分班，因为他们希望自己的孩子能和水平相当的同学一起学习、相互追赶，取得更好的成绩。这一观点看似很有道理，但从几项国际研究中看得出来，不支持分班制度的国家，比如日本和芬兰，在教育上都颇为成功，而采取分班制度的美国在教育上则并不那么优秀。分班制度是导致美国学生成绩停滞不前的一大原因吗？如果是的话，这个制度为何有时看起来又很有意义呢？

1999 年，在第三次国际数学和科学趋势研究（TIMSS）中，研究人员收集了 38 个国家的八年级学生成绩数据，美国排在第 19 位，这一排名引起了广泛的关注和担忧。

不仅是排位结果，TIMSS 还发现了一些关于能力分班的细节。例如，在一项关于成绩表现稳定性的研究中，美国班级之间的差距最大，也就是说，美国在分班制度上做得最透彻；而学生成绩最好的韩国，也是分班制度最不流行、班级间分数差距最小的国家。此外，美国学生的成绩与他们的社会经济地位紧密挂钩，这也被认为是分班制度导致的结果。

不进行分班的国家学生成绩好，分班的国家学生成绩差，这不只是一次研究所得出的结论，在 1982—1984 年的第二次国际数学和科学趋势研究（SIMSS）中也有同样的发现。这使得业界渐渐形成一个共识：推迟分班年龄或弱化分班制度的国家，从宏观层面看，学生成绩更好。

一些支持分班的学者认为，美国分班制度的目的是尽早筛选出优秀的学生，以便集中资源重点培养人才。但是这种方法有个致命缺陷，那就是不同的孩子有不同的学习发展速度，在早期就进行分班，很难挖掘到后起之秀，同时也拉大了教育差距。

相比之下，日本的做法是把全员成绩提升作为首要任务，学校和老师避免用以往的成绩判断学生水平，对学生一视同仁，为学生提供富有挑战性的问题，帮助他们提高成绩。因此，日本教育工作者对西方的分班制度感到不解，乔治梅森大学的教授乔治·布雷西指出："日本人的观念是，不应该在九年义务教育期间就对儿童的能力或天赋进行衡量，并因此在教育上区别对待他们。除了认为分班制度会导致教育不平等的结果外，日本家长和老师还担心分班制度会对孩子的自我认知、社交能力和学习竞争力产生非常不好的影响。"

我在斯坦福大学的学生莉萨·姚把研究重点放在日本和美国的分班制度上。她在日本采访了众多数学老师，他们基本上不认可分班制度："在日本，我们注重的是平衡发展，每个人都应该有平等的机会做想做的事，这才符合我们的价值观，用成绩或学习能力来分班在日本非常少见。"

日本强调集体教育，而不是个人教育。我们提倡大家一起进步、达成目标，而不是各自为营。所以我们希望学生能互相帮助、互相学习，在德智体上共同成长和进步。

日本提倡"互相帮助、互相学习、和谐相处、共同成长"的理念，很大程度上促成了整个群体的学业进步。大量研究显示，让学生在学业阶段平等学习，不进行成绩分班，直接好处是照顾了成绩较差的学生，也间接对优等生产生了帮助。

我原本并没有把分班制度纳入研究考量，但在我的两项长期研究中，分班制度的影响力超出我的预期。在这两项研究中，铁路高中和凤凰园中学这两所成功的学校都有自己的分班方式，而不是按成绩或能力分班。这一发现反映了另一项大规模国际研究的结果。

在英国，学校采用公开成绩、公开分班的制度，这种制度对后进学生影响巨大，比美国还要大得多。学生被分成三六九等，依据成绩排名分班，比如，学生从成绩最好的 1 班排到成绩最差的 8 班。而分到靠后班级的学生，在往后的学习中成绩也是最差的。但深入研究后我发现，这并不全是因为他们的初始成绩最差，我还发现了另一个原因：当学生知道自己被分到成绩差的班级，并被贴上差生的标签后，很多人就对学习失去了信心，从而心灰意冷。

这种心态并不完全来自靠后的 7、8 班，而是从 2 班就开始蔓延。而人人羡慕的 1 班，也就是成绩最好的班，也有学生叫苦连天。他们说，在成绩顶尖的 1 班需要承受巨大的压力，比如课程太快、进度跟不上。因此很多人对数学课产生了畏难和逆反情绪。对本来稍有优势的学生来说，被分到人才济济的尖子班后，只有被打压的感觉。

经过三年的成绩分班学习后，这些学生的成绩明显低于不按成绩分班的学生。

美国的分班制度没有那么严苛，但其不良影响仍不可忽视。在七年级或八年级，美国学生通常会被分到不同水平的班级，这对他们的未来影响深远。尽管分班标准不同，但班级名称和英国大同小异。比如，有些七年级的学生被分到“数学 7 班”，但也有同龄尖子生在上更高级的代数预科班，或者八年级有的班还在学代数预科内容，有的班却已经正式学代数了。

此外，美国高中还有一个不成文的规定，在初中通过代数考试的学生，才能在高中学习微积分。按普通高中学年来计算，一门课持续一学年，初中代数不合格的九年级学生，在未来四年的课程里，都没机会接触微积分了（高中的微积分包括几何、高等代数和微积分预科）。因此，初中时，学生被赋予的标签会影响他们在高中的学习机会，进而影响到他们上大学的机会。在初中就被分配到低水平班级的学生，意味着未来通往机会的大门已经关得所剩不多了。

好在，随着分班制度的缺陷越来越得到公认，不少学校开始尝试其他方法。纽约南区高中的负责人卡罗尔·伯里斯联手哥伦比亚大学教授杰伊·霍伊贝特和汉克·莱文共同进行了一项数学“去分班化”的创新试验。他们的试验对象是纽约一所中学的 6 组学生，他们分别在混合能力班和按成绩分的班中学习。1995、1996、1997 年入学的学生采用成绩分班制，只有尖子班学生才能上代数高级课程；1998、1999、2000 年入学的学生则采用混合能力班制度，全部学习代数高级课程。研究人员观察这些学生在不同学习经历下的成绩是否有区别。成绩评估使用四种衡量标准，其中还包含美国大学先修课程考试中的微积分考试。

他们发现，不按成绩分班的年级有更多学生选修了代数高级课程，且考试通过率明显更高。学生自行通过考试的时间，比全市平均水平早一年。这些学生在其他科目中的成绩也明显更好，无论是成绩较差的同学，还是成绩好的同学，在混合能力班里都能取得更高的学业成就。

在英国和美国，也有一些提倡教育平等的高中，他们让不同成绩的学生在一个班上相互学习。前文提到的铁路高中的代数课程，就作为必修课要求学生在入学时学习，并且不管之前成绩如何，他们都在同一个班上课。在代数必修课上，学生不仅要学数学概念，还会接触不少实操性的多维度概念题型，所以不管之前是否有基础，这门课对学生来说都颇具挑战性。学校还面向全校开设微积分课程，历时半年，每节课 90 分钟，这意味着所有学生都可以学习微积分，在高中四年的学习中也有八次机会上数学课。

这样做效果非常显著，未处于分班制度下的学生中，有 47% 的高年级学生学习了微积分和进阶课程。作为对比，按成绩分班的学校仅有 28% 的学生能学习这些高级课程。

讽刺的是，在混合能力班中，最大的受益者还是成绩最好的学生，他们的成绩比尖子班的学生还要好，而且他们的进步幅度也比其他同学要大。

许多家长害怕自己的孩子和差生在一起学习，同时也不清楚老师怎样在同一堂课上为不同水平、不同进度、不同需求的学生提供合适的教学计划。因此，我觉得有必要为大家做一次详细的剖析，分析混合能力班学生的学习秘诀。

不强调成绩分班，学生才有学习机会

通过对分班制的研究，大家都得出了如下结论：不按成绩分班的学校之所以成功，是因为他们给学生提供了“学习机会”。如果学生在中学阶段就被剥夺学习机会，那么他们必然无法取得高水平的成就。只因为学生能力较为低下，就只提供低水平的教学内容，这种观念害人不浅。

此外，老师也不期待成绩较差的学生会取得好成绩，这也在无形中伤害着后进的学生。20 世纪 60 年代，社会心理学家罗伯特·罗森塔尔和莉奥诺·雅各布森进行了一项试验，研究教师的期望对学生的影响。他们选择了一所圣弗朗西斯科（旧金山）的小学，学生被分成两组，学习一样的内容。老师在上课前被告知，其中一组学生更聪明，而聪明与否是研究人员杜撰的，两组学生皆为随机分组，在智力和成绩上没有区别。试验结束后，老师认为更“聪明”的那组学生表现更好，在智商测试中得分更高。研究者得出结论：这种结果完全是由于老师对学生抱有不同的期望。在一项针对英国六所学校的研究中，我们发现老师经常低估成绩较差的孩子的能力。一个学生说：“老师对待我们就像对待傻子一样，直接把答案贴在黑板上让我们抄，好像这些题目我们自己做不出来似的。在这种课上我们学不到什么，只好靠自己努力自学。”

学生们坦率地告诉我们，不仅老师对他们的期望很低，他们的成绩也不被重视和认可。我们在旁听课堂中证实了这一点。学生们只是想要有学习的机会：“我们在 5 班，虽然不是尖子生，但这好歹也是数学课，我们也是九年级的学生，难道我们就没有机会学习了吗？”

老师对学生的期望偏低，只教很基础的知识，这样容易打压孩子的学习积极性。也因此，有些国家甚至认为按成绩分班的制度不合法，比如在国际水平考试中排名靠前的芬兰。

在水平不一的班级，学生间的差异才会被重视

当学生按成绩被分到各自的班级里时，无论这是尖子班还是后进班，老师都会预设这个班里的学生能力相近，也通常会按本班平均水平制订教学计划。在这样的制度下，老师不可能照顾到每位学生，于是班里的许多学生会感觉到老师的授课节奏并不适合自己的水平，导致后进生奋力往前追，优等生又觉得课堂节奏太慢。虽然大多数老师，包括混合能力班的老师都容易错误地认为所有学生的需求都是一样的，但成绩分班制度下的老师更容易基于这种假设进行教学，因为老师会觉得学生水平都差不多，所以可以用同样的方式对待全班几十号人。

但到了学生水平不一的班级，老师就要努力使课堂内容变得更加普适，能满足不同学习水平和学习速度的学生。在这里，老师不能再预设学生都是同一水平了，也不能基于这个水平进行授课，而是必须提供多层次的知识和设问，让所有学生都有机会面临更大的挑战，能够达到他们所能达到的最高水平。因此，所有学生都能找到适合自己的步调。

让处于临界值的孩子，找到自己真正的水平

当老师将学生分配到不同的班级时，他们做出的决定会影响学生未来的学习机会和成绩，而这么重要的决定往往是在依据不足的基础上做出的，比如仅根据一场考试就能决定学生的分配。于是，很多学生因为粗心错失了一分，就失去了进尖子班的机会。不管他未来再怎么努力、争取再多的分数，都无法改变这一分对他的宣判，机会的大门就永远对他关上了。

以色列和英国的研究人员发现，水平在临界值附近的学生，他们的理解力不会相差太远。但水平类似的学生，一个被分到先进班，一个被分到后进班，先进班的学生在毕业时成绩明显更好，因为他们被安置在水平更高的群体里。的确，对每个学生来说，班级氛围对成绩的影响比学校氛围更大。“临界值失败者”是指根据临界值被武断地分配到后进班的学生。这种情况在学校里非常常见，对他们来说，在一场考试中失之毫厘，就会在未来的人生中差之千里。

在混合能力班级中，学习资源更加丰富

在成绩分班制课堂里，学生的两大学习资源是老师和教科书。老师预设学生的水平都是一样的，有相同的需求，用相同的方式学新知识，所以老师的教学工作相对轻松，在课堂上主要是讲课，要求学生认真听即可，忽略了课堂讨论和给学生表达自己的机会。

而在学生水平参差的课堂上，老师会组织学生相互合作、互相帮助。学习资源除了老师和教科书，还有全班同学。听不懂的同学能够轻松获得其他同学的帮助，同桌就能为他解答疑问。这种先进带后进的方式似乎在浪费尖子生的时间，但往往尖子生在这种合作模式下能够取得更大进步，因为想要用自己的话解释知识点，就需要对知识有透彻的理解，在一次次解释的过程中，先进学生能发现自己的知识漏洞，加深已有的理解，产生新的感悟。

在我进行的两项长期研究中，成绩靠前的同学都有这类感悟：他们在向别人解释知识点的过程中也能学到新知识。铁路高中的尖子生谈及自己在不分班的环境下学习的感想，赞恩同学说："在班里，大家水平有高有低。但正因为每个人的水平不同，所以大家都能教学相长、互相帮助。”

还有一些尖子生在进入铁路高中之初嫌弃和差生同班，认为牺牲自己的时间辅导差生对他们来说是不公平的。但在第一学年后，很多尖子生改变了态度，因为他们逐渐尝到了辅导他人的甜头。伊梅尔达回忆道：“刚入学的时候我非常看不惯小组讨论，我不需要别人帮忙，我也不想帮助别人。但当我上了微积分预科班的时候，我就发现小组合作真是个好方法，特别是在考试前，小组讨论能帮我们查漏补缺。慢慢地，我变得越来越感恩，感谢有小组合作！”

此外，尖子生们还发现，在小组讨论时，其他同学对自己的帮助出乎意料地大。安娜同学说：“小组讨论的形式很好，讨论时我感觉大家都在陪着我学习，如果我有不懂的地方，而其他人懂，对方就能解释给我听，我也会帮助其他人，这种感觉真是太好了。”

同学之间友爱互助，为彼此提供巨大的帮助和支持，他们在小组讨论中让自己的学习机会最大化，同时学会了交流和沟通，学会了彼此帮助。

保护孩子的自信

按成绩分班对学生的影响，除了学习成绩外，还有其他不容忽视的后果。因为将学生分为三六九等，不仅限制了他们的学习机会，还会在很大程度上影响他们的人格、品德发展。因为学生的大部分时间都在教室中度过，他们学的不仅是数学，还有社交能力和待人处事的道理。

可惜，当今的数学课堂严重影响了孩子们的自信。老师的要求太过苛刻，让孩子们常常觉得自己不够聪明。但我们知道，虽然聪明的体现形式有很多，但在数学课上，往往只看重一种，就是会不会做题。教学行为除了会对孩子的自信产生巨大影响外，还在很大程度上影响着学生对他人的看法。

我的研究还发现，按成绩分班会导致学生容易用非黑即白的态度看待世界：不是聪明就是愚蠢，不是敏捷就是迟钝。这些评价都出自分班制度下的学生之口："我好蠢啊，如果有人问我简单的问题而我答不上来，我就觉得自己是个笨蛋。这样想太难受了，让我压力好大。"

而铁路高中的学生就不会这样想，他们都能做到相互尊重，这让旁听的老师都印象深刻。在铁路高中的班级中，完全看不出社会阶层、种族、性别或聪明与否的分界线，而这在其他班级里非常明显。

在多文化学校里，种族主义很容易起苗头，但铁路高中没有。学生们说，在数学课上，他们还学会了尊重他人、尊重差异。因为老师鼓励大家用多样的方法解决数学问题，在不同方法的讨论和思维碰撞中，学生逐渐懂得接受新思想，尊重每一位做出贡献的同学。在课堂上，老师鼓励大家打开思维、畅所欲言。下面就是学生们的感想：

塔尼塔："课堂上，老师会融合大家的观点。因为一个人提出一个观点，其他人也会贡献他们的方案，大家不会只考虑自己的想法和思路。所以我很喜欢和大家一起讨论的氛围。"

卡罗尔："我也很喜欢，大家都能轻松自然地说出自己的想法。"

不可否认，传授知识是学校的主要任务，但学校也有责任把孩子培养成品质优良的好公民，培养孩子思想开放、文明守法、尊重他人的好品德。纽约卡内基公司根据青少年发展委员会做出的报告，建议学校取消分班制度，以创造"相互尊重、健康向上、民主自由和崇尚科学的学习环境"。美国重要教育改革项目基础学校联盟也以学术自由和平等公正为由，建议学校取消按成绩分班的制度。其主理人特德·赛泽认为："如果要培养积极参政、思想独立的公民，在学校就要让他们接受这方面的培训，让他们都有同样的机会参与解决高挑战性的问题，并调动一切聪明才智来解决问题。"

虽然和相同水平的同学待在一起学习有一定好处，但按成绩分班的不良后果不容忽视，比如成绩提升不明显、人格发展受限等。如今，同时教授不同水平的学生仍是一种挑战，老师也缺乏经验，但这并不是让分班制度继续存在的理由。

不仅是老师，整个教育行业的资源分配都要从"培养尖子生"转为

“让所有人进步”，这样老师才能真正做到让每一名学生学好数学。要是只取消了分班制度，但教师培训和教学资源没有跟上，其结果也会惨不忍睹。我旁听过一些混合能力班的课，老师仍然沿用以往分班制度下的教学方式，把学生的能力限定在一个小范围之中进行授课和布置习题。结果，其他能力不匹配的学生都傻了眼，有些人跟不上，有些人觉得很无聊。

要在混合能力班上好数学课，需要满足两个关键条件：第一，给学生布置的作业应该是开放式的，这些作业让不同水平的学生都有发挥空间。老师的任务是设计对不同能力的人来说都有挑战性的题目，而不是针对少部分人设计问题。

而想要提起学生的兴趣，这些问题就要有用有趣。老师出题太无趣，是当今很多课堂的弊病。日本课堂上老师设置的题目就是多层次的，这是为了帮助不同成绩的学生学习和进步。史蒂夫·奥尔森是畅销书《倒计时》的作者，他在书中写道：“在日本课堂里……老师希望学生能挑战复杂度较高的题目，因为他们相信这样能帮助学生真正理解数学概念。学校不会把学生分成三六九等，因为学生之间的差异就是一种资源，学生们可以了解和自己水平不同的同学如何解决问题，扩展自己的思路。他们不会期待所有的学生从同一堂课中学到同一个知识，对数学感兴趣的学生、在数学上有天赋的学生，他们学到的东西是不一样的。老师的目的，是让每个学生在面对复杂问题的过程中学到更多，而不是在一堂课里强行灌输给学生简单的知识或单一的题型。”

日本老师的做法在美国也许行不通，因为日本老师不要求学生在课堂上学到一样的知识，但日本学校布置的多层次难题能给美国老师一点启示，让每个学生都能尽可能从题目中学到更多。

除了开放式的、多层次的作业之外，混合能力班的课程还需要满足第二个关键条件：学生之间相互尊重。我在旁听的过程中发现小组讨论的一大阻碍，那就是学生没有做到相互听取意见。即便老师布置的题目很有趣味性和挑战性，期待大家一起合作，鼓励大家通过讨论解决问题，但如果学生不懂合作，那也是白搭。结果就是教室一片混乱，有人搭便车，有人埋头做，更糟糕的是，因为发言较少或贡献不多，有些学生被其他组员无视或嘲笑。

想让学生建立合作和平等意识，老师就需要在教学过程中持续向学生灌输良好的团队合作方法。有些老师要求大家尊重每个人的贡献，有些老师则采用“复杂教学”的方法，这是一种用于混合能力班的教学方法，旨在减少学生间的差异。无论用什么方法，只要大家能学会相互尊重与合作，而不是相互排斥和内耗，每个人的长处就能成为一种资源，大家就能在课堂上取得进步。而在这种氛围下，学生也能逐渐成为尊重他人、关心他人的人。

分班制度影响了学生的心态

在安布尔山中学和凤凰园中学的对比研究中，安布尔山中学按成绩分班和采用传统教学方式；凤凰园中学则不按成绩分班，上课也给学生复杂而开放式的问题。如第三章中所述，我有幸在这群研究对象初中八年级时就介入观察，一直跟踪到他们步入社会，我也能听到同学们的学习感想和他们在工作、生活中的感悟。在这项研究中，我发现学生之间最重要的差异是他们经历的分班方式。

在安布尔山中学的研究中，我在学生成年的时候和他们谈论分班制度的影响，他们不约而同地说按成绩分班让他们在学校时就与其他人拉开了巨大差距，没被分到尖子班的人都觉得受到了限制，以及容易在生活中被人看不起。而在对比这批学生的毕业去向后，我发现处在混合能力班中的学生，尽管出身贫寒，最后也能与尖子班的学生相匹敌，甚至做着门槛更高、更专业的工作。

通过一对一的访谈，我才找到了有这些差异的原因。从凤凰园中学毕业的学生经常提及他们的老师。老师很擅长挖掘学生的潜力，他们认为，每位学生都可以取得好成绩。

从凤凰园中学毕业的学生往往能更积极地面对工作和生活。从读书时开始培养的解决问题的方法，后来在生活中和职场上都对他们有巨大帮助。而从安布尔山中学毕业的学生反馈，在学校的时候，他们的学习热情就已经被扑灭，对未来的期望也不高。尼科斯在说起分班制度的时候，情绪非常激动："按成绩分班无疑在心理上给学生套上了镣铐。在这种班级里，我都不知道自己有能力做什么，还能学到什么程度，一切都靠老师给我们贴标签，告诉我们。这非常容易浇灭大家的希望和信心。其实有些同学非常聪明，在小组讨论的时候也能贡献很多想法，但按老师这种教法，只要成绩不好，自己的努力和能力就都不会得到认可。并且，在我们还小的时候就被老师贴上愚蠢的标签，现在长大后往回看，我还会对这种分班制度耿耿于怀。"

无论在学校还是已经步入社会，分班制度对孩子的影响都是深远的。英国的一项研究显示，如果孩子在 4 岁时就被按能力分到特定班级，那么 88% 的人在步入社会之前都无法突破这个圈子，这是很可怕的。如果孩子的未来在幼年的时候就被"分配"好了，这绝对是老师和学校甚至是整个社会的失职，也严重违背了儿童发展和学习的规律。

孩子本来就不会以相同的速度成长和发展，他们在不同的发展阶段表现出不同的兴趣、优势和性格。在美国，孩子的能力划分制度通常在中学时才实行，但这仍然过早地预判了孩子的发展潜力，扼杀了他们的学习热情。

学校的职责是为所有的孩子提供学习条件和环境，在这里，他们的潜能和兴趣得以激发和培养，老师则要做好"园丁"，静待孩子在不同时间、不同领域里开出灿烂的花朵。而要做到这一点，就绝不能预先判定孩子的能力和发展方向，而是要通过开放式的、灵活的分班系统，在课堂中运用多层次的数学教案，让不同能力的学生都能有的学、愿意学、学得好。只有这样的方法才能让社会更加公平，让所有孩子都有机会成功。

第6章

被禁锢的女学生：违背女性思维的教学方式

在安布尔山中学开展研究的时候，卡罗琳同学 14 岁，那时的她很有学习热情，成绩也不错。大约三年前，所有新生入学都要参加入学数学考试，当年，卡罗琳是全年级第一，但在安布尔山中学经过三年“历练”，她成了全班倒数第一。为什么会变成这样呢?

我认识卡罗琳的时候，她刚刚被分到最好的尖子班，老师水平也是最高的，由数学系系主任蒂姆教授任教。蒂姆教授数学能力过硬，上课友好风趣，但他是一个传统的老师，像大多数数学老师一样，在黑板上带学生做题，再布置练习题。卡罗琳被分配去的小组共有 6 人，都是女生，这 6 个女生都成绩优异，是主动学习的学生。

可从蒂姆老师上课开始，卡罗琳就显得很困惑。每当蒂姆讲解题方法时，她就想问:“为什么这种方法有效? 是根据什么推断的? 这和昨天学过的方法有什么关系?”其实卡罗琳和我多年来教过和观察过的女生一样，有好奇心，有自己的想法。卡罗琳不时举手向老师提问，但老师通常只是重新把题目讲一遍，并质疑她为什么要问这种问题。于是卡罗琳觉得数学课越来越没意思，渐渐地，成绩就下滑了。

在某节课上，老师正在教大家二项式乘法。蒂姆老师通过这道例题来给学生讲解。

（$x+3$）（$x+7$）的解题步骤是：

第一步，首项相乘，即 x 乘 x；

第二步，外项相乘，即 x 乘 7；

第三步，内项相乘，即 3 乘 x；

第四步，末项相乘，即 3 乘 7；

第五步，把四个结果相加，即 $x^2+7x+3x+21=x^2+10x+21$。

学生只要记住这个口诀（首项、外项、内项、末项）即可。但这个口诀只能帮助学生记忆，学生对这种做题方法还是毫不理解，背不下来，也容易混淆。在一节课上，我走近卡罗琳的小组，看她正抱着头，面露痛苦之色。“啊！烦死了，最讨厌这些口诀了。”她向我求助，“你能告诉我为什么要首项、外项、内项、末项相乘吗？为什么还要相加？”她试着问过蒂姆老师，老师的回答是：“题目就是这样做的，你记住就好。”

于是，我蹲下来，给她画了一个图。

	x	7
x	x^2	$7x$
3	$3x$	21

我解释道："我们可以把这两个二项式想象成矩形的两条边，二项式乘法则可以看成是求矩形的面积，这样更加直观。"她立马精神起来，看我画图。

很快，小组里的其他女生也跑来看。我还没画完，卡罗琳就恍然大悟："哦！我懂啦！"其他人也纷纷应和。

事后我对自己插手蒂姆老师的课堂感到抱歉，毕竟我是来旁听的，不应该破坏老师的课堂纪律，但我不忍心放过这次给学生解释的机会。这幅图看似简单，但对学生帮助巨大，她们理解了首项、外项、内项、末项相乘再相加的原理，这对渴望知道原理的学生来说，至关重要。

在这三年里，我旁听过无数课程。当我深入了解这些男生和女生的学习过程时，我开始注意到，相比男生，女生更想知道方法背后的原理，即"为什么要这样做"。女生能接受死记硬背，但她们更想了解这些方法为什么有效、是怎样得来的，以及这个方法如何与其他方法联系起来。当然，部分男生也会对各种数学原理感到好奇，但他们似乎更适应不求甚解的学习方式。在对学生的采访中，我常常会听到女学生说："老师在黑板上这么写了，但为什么是老师写的这样？老师是怎么得出来的？为什么要这样做？"

而男学生则会说："只要题目能做对，那就行了！"男生似乎更想快速完成作业，也更有竞争意识，他们对知识的理解似乎不需要那么深。十年级的约翰同学和其他男生一样，他说："我不在乎，在数学课上我享受的就是能做很多题，争取成为第一个交卷的人。"

在一次覆盖全校的问卷调查中，我要求学生对五种学习数学的方法进行排名。其中 91% 的女生认为学数学，"理解"最重要；而只有 65% 的男生认同这一观点（这一差异在统计学上是非常显著的），其余男生则认为，学数学背公式最重要。

女生和男生在课堂上的表现也不一样。在我旁听的上百节课中，课堂上常出现这样的情形：男生急匆匆地做题，觉得做得越多越快越好；而女生没弄懂原理就不敢下笔，稍显踟蹰，或干脆放弃。

在课堂上，我经常询问学生：“你在学什么？”大多数情况下，学生会告诉我章节的标题。如果我再问得细一点：“你实际上在做什么？”他们的回答会细化到课后练习的题目编号。不管女生还是男生都回答不出来，为什么要使用这些方法，或者这些方法意味着什么。

总的来说，男生只要求把题做对，并不在意是否理解这道题的原理。尼尔同学认为：“有些题很难，有些题很容易。有些难题就算研究很久，大概率也会做错，不如选择简单的做法，背下来就好了。”

女生在答对问题的基础上，还想理解答案背后的原理。

女生有能力答对问题，但她们还想知道更多。吉尔同学说：“虽然做对了题目，但不知道答案是怎么得来的，也不知道自己在干什么，这种难受的感觉你明白吗？”

高中三年后的全国考试上，在尖子班中，女生的成绩明显比男生差，在全年级不同水平的班级里同样如此。前文提到的卡罗琳同学，曾经在班里名列前茅，现在却是倒数第一。上高中以前，她就表现出了很高的数学天赋，结果三年下来，她觉得自己不适合学数学。

卡罗琳和其他女生之所以成绩不佳，是因为她们的疑问一直没有得到回答。为什么这些方法有效？原理是什么？各知识点和方法是怎么联系在一起的？想知道这些问题的答案其实并不过分。

在安布尔山中学，尽管传统的数学课程在男生和女生心目中都不是好课程，并不受学生欢迎，但男生会按照老师教给他们的方法学习，女生却不满足于这种方法。当心中的疑问一直未得到解决，女生可能会对这门学科失望。

国家统计数据显示，女生的数学成绩并不比男生差，甚至更好。大多数女生有上述学习习惯，无形之中在课堂上处于劣势地位，但还能取得这样的成绩，这样看来，女生的确付出了更多努力。但这完全不能掩盖女生在课堂上处于劣势的事实。教学活动遏制了学生深入探究的需求，这让女生感到不适，从而浇灭了女生的学习热情。

在凤凰园中学，学生面对的问题更加开放，而对女生来说更重要的是，她们有更长的时间学习新知识。老师鼓励学生提问，希望学生在学习过程中搞懂为什么、何时做、怎么做。在凤凰园中学，男女生成绩没有太大差异，在全国考试等考试中，男生和女生的成绩都分别比安布尔山中学的学生更好。

几年后，我转而去观察更高年级的数学课程，其中有一位优秀的女老师，她频繁地跟我提起概念理解的重要性和有效性。有一天，老师向学生展示标准差的公式，老师问大家："顺便问一下，你们想知道这个公式是怎么来的吗？"结果班上同学的反应颇有戏剧性：女生齐声说"想"，而大部分男生则回答"不想"。女生向男生打趣道："你们怎么回事？"其中一个男生不假思索地道："知道有什么用呢？学了背了，能够做题就行啦。"就在这时，我突然意识到这和我在安布尔山中学观察到的性别差异如出一辙。

1999 年，在斯坦福大学进行的第一项研究里，我就在研究成绩优秀的学生的学习经历。我挑选了 6 所学校，采访了 48 名男生和女生，深入了解他们在微积分预科班上的经历。其中 4 所学校的老师采用传统教学方法，即让学生背诵公式，而不专门解释其背后的原理和方法。

而在剩下的 2 所学校里，老师虽然使用同样的教材，但他们会鼓励学生讨论公式背后的原理。当时我的主要目的不是寻找性别差异，但我再次感受到了女生深入探究的欲望和传统课堂对她们的压制。刘易斯中学的凯特同学和我描述了当时的想法："做题我们当然会。但我们不知道为什么要这样做，也不知道这道题怎么就做对了。特别是在有时间限制的情况下，我们就像把正确答案摆上去的机器，虽然知道答案是什么，但让我不去想为什么，不去想怎么做，这种不明不白的感觉真的太难受了。"

还有很多女生告诉我，她们想知道一个公式背后的原理，她们不喜欢只让背公式的课程和老师。以下是我访问安格灵学校的两位女生克里斯蒂娜和贝齐时的谈话。

克里斯蒂娜："背公式、背答案、做题，让我这样上课的话，我实在提不起兴趣。"

我："你们认为数学一定要这样学吗？"

贝齐："我就是这样学的。我不知道还有没有别的办法。"

克里斯蒂娜："就我所知，我们没别的办法。"

接下来克里斯蒂娜和我谈到了性别差异的问题，她说自己之所以更喜欢探索和理解现象，也许是因为她是一个女生："数学是很客观的概念，'一就是一，二就是二'。女生更喜欢探索世界，也许这就是我喜欢英语和科学的原因。我喜欢探索自然现象和生物间的规律，而对既定公式不感兴趣，我要背诵，要记住答案，要将之运用到考试题里，这种学习方式不是我喜欢的。"

克里斯蒂娜身处这样的学习环境中是不太幸运的，因为除了数学，还有其他学科在限制着她的探索欲，阻止她想太多。但实际上这些学科需要探索精神。

以色列教育部的负责人戴维·塞拉和耶路撒冷希伯来大学的阿纳特·祖海尔对物理学习中的性别差异进行了广泛调查。在我对数学课的观察基础上，他们想了解物理课是否有同样普遍的性别差异现象，结果确实如此。

研究人员在以色列约400堂高中的高阶物理课中进行研究。在其中一所学校里，研究人员随机抽取50个学生样本，其中包含25名女生和25名男生。他们发现，女生在物理课上的表现和我对数学课的研究一致，她们都不喜欢不求甚解的学习方法，认为背公式简直会“把人逼疯”。女生在采访中都表达出自己想知道概念原理和各种概念之间的关联。

于是，研究人员总结道：“尽管在高阶物理课上，男生和女生对概念都有理解的需求，但女生对此的需求比男生更迫切。在不重视理解的课堂文化中，女生在学业上遭受的痛苦似乎比男生更多。”

不管在数学课还是物理课上，这些女生都不会因为追求好成绩而想学更简单的数学和物理。相反，她们更希望自己学的东西能更有深度。喜欢深入探究、讨厌死记硬背，这是所有学生共同的想法，不管是男生还是女生。但当女生的求知欲被打压的时候，她们会渐渐讨厌这门学科。

当然，以上的观察研究并不能断定所有女生都只有一种学习行为，而男生是另一种。以色列教育部和耶路撒冷希伯来大学的研究发现，他们在物理课的采访中有三分之一的男生也表达自己希望看到概念背后的原理和概念间的联系，但是女生普遍更频繁地提起这一需求，需求的迫切程度也更高。

教育中的性别差异研究非常值得关注，直到现在仍有新的发现。世界知名的心理学家和作家卡罗尔·吉利根提出了一个著名的性别差异观点，即在理解知识的过程中，女性和男性的着重点有所差异。在吉利根的著作《不同的声音》中，她认为女性善于通过联想进行思考，在做道德判断的时候更喜欢联系直觉、创意和个人经验；而男性更喜欢独立思考，在做出道德决定时更喜欢参照逻辑、就事论事、崇尚绝对真理，更加理性。吉利根的研究遭遇许多阻力，但也得到了大批女性的支持，她们认同吉利根总结的思维方式。而在若干年后，有新的研究在吉利根观点的基础上进一步提出，男性和女性在认知方式上存在更普遍和更广泛的差异。1986 年，英国多位心理学家在《女性的认知方式》一书中提出了认知的不同阶段和性别差异，他们同样认为男性倾向于独立思考，而女性倾向于联想思考。本书观点并没有大量的数据支持，因此作者的言论遭到相当多的非议，因为本书的观点触及了男性和女性在思考和认知方式上的根本区别。而当我把自己的研究发现公之于众的时候，同样受到了抵制。我提出女生在传统教育中处于特别不利的地位，因为传统教育没有为她们提供了解“为什么”和“怎么做”的良好环境。部分同僚质疑我的观点，他们认为在如此初级的学习阶段，男生和女生之间不可能有这么明显的偏好差异。他们让我阐明出现这些差异的原因，我承认自己尚不清楚。尽管男生和女生从小就接受截然不同的社会化教育，但这似乎并不能解释双方在数学和科学知识方面的不同偏好。

关于大脑的新兴研究

大脑的神经图绘制是21世纪脑科学研究上的一大技术突破。《女性大脑》一书的作者、神经精神病学家卢安·布里曾丹解释道："大脑成像技术能清晰地呈现男性和女性大脑在结构、化学、基因、激素和功能上的巨大差异。"研究人员发现，女性和男性即便成绩完全相同，在做题时他们活跃的大脑区域也是不一样的。例如，当被试者动用空间想象力在脑海中旋转三维图形的时候，男女双方的空间想象力相当，但大脑回路完全不同。下面是脑成像仪下的有趣发现：

1. 几百年前科学家们就发现，男性大脑的体积比女性大。而如今的研究进一步得出男女的脑细胞数量完全相同，因此智力水平也相同。只不过在男性的大脑中，细胞的排列密度较低。

2. 从孕期第八周开始，男性胎儿的睾酮激增，睾酮导致大脑中负责沟通区域的细胞迅速减少，而主导性发育和攻击区域的细胞则会增加。而在大脑的语言和听觉中心，女性的神经元要比男性多11%。布里曾丹发现，男人每天大约使用7000个单词，女人则会使用20000个。与此同时，男性患自闭症的人数是女性的8倍，而自闭症作为一种交流障碍疾病，正是因为男性大脑在交流方面提供的支持较少。

3. 从出生后的第一天起，女婴儿就更能适应与人类的互动，对人脸更加敏感。在剑桥大学的一项研究中，西蒙·巴伦－科恩教授和珍妮弗·康奈兰教授在男女新生儿出生当天对婴儿进行观察。他们给婴儿看一个摇动的手机和一个年轻女子的脸，在性别标签被隐去的情况下，研究人员分析了 102 名婴儿眼球运动的录像。男婴看手机的概率接近女婴的两倍，而女婴更喜欢看女人的脸。研究人员得出一致结论：兴趣上的性别差异有一部分原因是生理差异。

4. 相比女性，男性的左右脑分工更加明确。男性的左脑专门负责语言功能，而女性的大脑对功能的控制更为均衡。一项对中风患者的研究表明，男性中风影响到左脑时，其语言智商会下降约 20%，中风影响右脑时，其语言智商没有变化；而女性中风影响到左脑时，语言智商下降约 9%，中风影响到右脑时，语言智商下降约 11%。科学家由此得出结论，女性使用左右脑来处理语言，而男性只用左脑。

5. 在斯坦福大学的一项研究中，布里曾丹发现，人们在观看唤起情感的图像时，脑部扫描显示女性有 9 个不同的大脑区域被激活，而男性只有 2 个。

6. 一项大脑成像研究发现，在执行数学运算等任务时，女性会使用大脑中更高级的区域（如大脑皮质区），而男性则使用大脑中更“原始”的区域，如大脑内侧苍白球、杏仁核和海马体。

有了这一项项惊人的发现，布里曾丹得出结论，女性大脑是“一台专门负责连接事物的精密机器”。内科专家伦纳德·萨克斯在其所著的书《男孩女孩大不同：这些性别科学差异，父母和老师都要知道》中也有提及大脑差异的研究，结论与布里曾丹不谋而合。萨克斯认为，男女幼儿玩要的方式不同，学习的方式也不同，在听力发育上亦有差异，他还列举了一些证据，表明女孩的听力比男孩更好。

萨克斯的部分证据也是大脑成像，他发现男性和女性在完成任务时使用的大脑区域不同。萨克斯的结论是，男性和女性的大脑功能相当，但组织方式不同，分别擅长完成不同的任务。

布里曾丹和萨克斯的研究结论都表明，女性天生喜欢沟通，善于建立事物之间的联系。在进行理科的学习行为研究时，两位专家都分别给男生和女生提出了学习方法的建议。布里曾丹的结论也得到了几项教育研究的证实。她认为，女生讨厌数学，原因可能是她们更喜欢在交流和与人产生联结的基础上学习，而目前的数学课做不到。这是非常正确的，有几项教育环境与教学效果的对比研究都支持布里曾丹的结论。

布里曾丹解释道："男性和女性在自主择业时，他们的方向也会有所差异，年轻男性的睾酮致使他们选择单独行动，对需要单独行动的工作更为适应。而年轻女性往往希望与人一起工作，共同学习。当下的数学教育方式正与女生的偏好背道而驰，但这种教育方式并不是唯一的方式，学校也不应该只这么教。"

当我采访微积分预科班的学生时，但凡课堂上鼓励学生讨论和探究，班上的女生就会喜欢数学。数学课允许她们充分沟通，鼓励她们理解概念，也接受她们在更深层面进行探究。打算主修数学的维娜同学说道："我是一个非常健谈的人，我在课堂上会问一些很傻的问题，我毫不介意别人把我当白痴。有些时候只要稍微被点拨点拨，我就能找到不同概念间的联系，然后我就能继续学下去了。"

在课堂上，如果学生有机会对数学概念进行讨论，他们就不仅能对概念有更深的理解，还可以将概念之间的关系串联起来，这对女生和男生来说都有好处。虽然部分男生可能更喜欢独自研究抽象的概念，但对大多数人来说，独自埋头学习难以将概念理解透彻。此外，不管是数学、科学还是工程领域，当学生继续深造下去，就会发现这门学科仅仅遵循孤立的、抽象的规则是不够的，还应该合作和建立联系。

关于男女大脑功能与数学学习方式的差异，萨克斯的结论暂时还没有得到相关教育研究的证实。他从大脑成像研究中发现，女性思考数学问题时动用了大脑皮质区，这是大脑中调节语言和高级认知功能的部分；而男性则动用了海马体，海马体是行使大脑初级功能的部位，用于判断空间和方位。

萨克斯认为，女生习惯将数学与更加高级的认知功能联系起来，不过在教学上，他建议让男生多接触纯数字类的问题和独立的场景，而在女生的教学上应该多结合实际，让她们在真实场景下学习数学。

以斐波那契数列为例，教男生的时候，可以直接呈现具体数字，他们能自行探索其中的规律；而教女生的时候，需要将现实事物作为引子，如呈现斐波那契数列规律的法国百合、向日葵和松果的形态。当女生接触了这些现实事物以后，按照女性的思维习惯，她们通常会提出诸如“飞燕草的花瓣数为什么会和斐波那契数列那么像？”或者“为什么抽象的数学理论能够解释大自然独一无二的生物体？”等问题，而后就能为她们介绍其背后的数学规律了。

萨克斯的观点部分正确，他猜对了女生的思维方式，但我不认同女生在教学过程中需要由现实事物引导至理论范畴。现实情况是，如果女生知道了斐波那契数列背后的原理和规律，她们会和男生一样爱上数列规律，而男生也会喜欢研究现实事物。成功的教学就应该囊括不同层面的数学视角，既有抽象型问题，也有应用型问题。萨克斯建议男女分班，男生学习纯数字和看似毫无关联的知识，女生则可以学习相互关联的数学概念。但即便清楚教女生需要用现实事物作为辅助，在实际情况中能做到的老师也少之又少。如果在教学中能将数学概念之间的关联阐释清楚，以及给大家充分的时间提问和讨论，我想女生不需要结合现实事物也能对数学产生兴趣。

此外，将大脑的性别差异绝对化，并作为男女分班的理由，这种推论也不太严谨。大脑的性别差异只能代表性别倾向，不代表每个个体的情况。很多男生同样对事物之间的关系非常敏感，在学习中也热爱建立联系和交流；而部分女生也更喜欢独自学习晦涩难懂的概念。

现实中有很多男生和女生，他们的学习习惯并没有典型的性别特征，却被放置在刻板的教学活动之中，这是我非常痛心的。如果数学教学鼓励课堂讨论，允许学生往知识更深处提问，并有意将不同的数学概念联系起来，那么这个数学课堂才是公平的，对男生和女生都有益处。此外，学生的讨论和追问不仅能让数学知识变得更加立体，同时还能帮助他们更好地适应高级课程的学习。

如今，大脑研究仍在起步阶段，女生为什么更爱深究问题，这个问题暂时还是一个谜。不过，相比寻找原因，如今更重要且更迫切的是为女生配备合适的学习环境。

数学考试的性别差异

虽然女生的思维特点和当下的数学教学方式不匹配，但从结果来看却让我们大跌眼镜，女生确实能把数学学好。从数据上看，2002 年和 2004 年，女生分别占数学专业学生的 47% 和微积分预科班学生的 48%。这个数字可能颠覆了大家的认知，毕竟在媒体夸张的渲染之下，大家都以为男生的数学成绩远比女生优秀。在一项数学成绩的性别差异统合分析中，研究人员整合了 100 多项研究和 300 万名受试者的数据库，发现男女之间的差异非常小，两性在学习能力上有大量重叠之处。于是研究者认为，数学能力的性别差异很小，在性别考量中不应该被过度强调，并且在媒体肆意渲染的今天，强调此类差异容易加深性别刻板印象。

回看美国大部分考试成绩，我们也看不出明显的性别差异。只有在“美国高考”（SAT）和美国大学先修课程考试中，男女才会有微小的成绩差异，2002 年女生的平均分是 3.3 分，男生是 3.5 分。英国与美国的教育体系类似，如今英国女生也从落后一截到逐渐在全科成绩上赶超男生。

英国男女学生的成绩充满着此消彼长的戏剧性变化。在英国，数学是学生 16 岁以前的必修科目，所以参加普通中等教育证书（GCSE）考试的男女人数相等。20 世纪 70 年代，男生通过 GCSE 数学考试的人数更多，且得高分的人数更多；到了 90 年代，女生通过考试的人数与男生持平了，但男生得分还是略高于女生。再到 21 世纪初，女生的考试通过率开始超过男生，得高分更多的也变成了女生。现在，在 GCSE 及以后的考试中，女生文理科成绩都比男生优秀，包括数学和物理。在最难的高级考试中，得最高分的往往也是女生。

在美国、英国和其他国家中，女生的成绩不错，但这样容易让人放松警惕：如今的数学课堂对女生并不友好，这是成绩不能掩盖的事实。因此，当女生选择专业的时候，即便自身成绩不错，即便数学对应的专业前景很好，她们也不会继续深造数学。

在数学专业和数学职业的统计数据中也能看出，女性比例并不乐观。2000 年，数学博士仅有 27% 是女性；2003 年，在美国顶尖理工科院系中，女性仅占数学系教员的 8%，物理系教员的 7%，工程系教员的 7%。欧洲在科学研究方面很有优势，但其中的女性工作者并不多：欧洲的高等教育毕业生中，有 52% 是女性，但其中只有 25% 的女性选择科学、工程或技术学科。女性在数学和科学方面表现出色，是因为她们有能力、有责任心，但鉴于数学课堂对女性思维并不友好，很多人只能通过耐心和刻苦来“补拙”。数学课堂的死板和贫瘠，致使无论男女，都对这门学科敬而远之。

女性面临的其他障碍

当然，缺乏深入探究的机会，这并不是女性学习数学的唯一障碍。20年前，性别歧视印象更加严重，教科书中充斥着性别歧视的痕迹，研究人员也发现，老师的精力容易向男生倾斜，会给男生更多关注和积极的反馈。虽然现在的课堂比起20年前有较大改善，但是性别歧视印象的强大惯性仍然笼罩在女性身上，导致她们对数学的兴趣和参与度较低。并且，部分学校的数学和科学课堂的竞争氛围浓厚，这让许多女性望而却步。

在大学数学系，男女不平等的情况更加严峻。纽约州立奥尔巴尼大学教授阿贝·赫齐格指出，数学系学习氛围对女性和少数族裔学生来说很冰冷。女性在其中面临巨大阻碍，包括性别歧视、刻板印象下的能力歧视、被孤立、没有可参照的女性榜样等，这在研究生阶段尤为严重。总的来说，在美国大学的数学研究领域中，男性仍然是主角，女性不仅在学生群体中比例很少，就连在教师队伍中也寥寥无几。更离谱的是，斯坦福大学数学系以前没有女卫生间。直到2005年我回访该院系的时候，仍然没有专门的女卫生间，只是在男厕中划分了一两个厕间给女性用，用一个“女”字招牌和几盆小花敷衍了事。以上种种，都向数学系的女学生和女老师传递了一个明确的信息：这个部门从前没有你们女性，你们在这儿也不会受到重视和关注。

大学中的数学系教学也顺延了此前的风格：规则和公式为上。这再次剥夺了女性提问和探究的机会。朱莉同学放弃了剑桥大学数学学位，这位年轻女性和我说："也许想太多就是我的错吧！在数学课堂上，我想知道每一步是怎么来的，没有理解上一步的推算原理，我是不会甘心跳到下一步去的。课堂上我没有机会慢慢想，可我真的想知道'为什么''怎么做'。"

朱莉进入剑桥大学之前，因为数学成绩得过几次奖学金。但仅仅因为想知道的不能知道，她无奈，只能放弃学习。

社会上的
性别刻板印象

除去学校和大学数学系内的男女不平等现象外，女性还受到社会上，特别是媒体的陈腐观念的影响。比如，女孩子有教养、有爱心，但不适合进行科学研究。这都是大家基于女性的学习特点做出的错误断言。其实女性并不需要专门的“女生版”教案。而女性的钻研态度正是研究数学所需要的，因为真正的数学研究，少不了严格的分析和锲而不舍的论证。

讽刺的是，当女生在数学、科学和其他学科中都反超男生的时候，有人却开始紧张了。政府立刻特批资金来研究理科学习中的性别差异，而从前女生成绩不佳的时候，他们却没那么重视过。

有趣的是，当女生成绩较差的时候，大家会找内因，比如智力问题；男生成绩较差的时候，人们会找外因，比如教科书编排不合理、教学方法偏向女生、老师更关心女生等等。总之，在数学等理科学习上，大家就是不肯承认男生缺乏研究头脑。

历史学家米歇尔·科恩提出了一个有趣的观点，人们倾向于将女性的失败归咎于女性本身。她指出，这类观点有其历史渊源。早在 17 世纪，学者们就一直在否认女性和底层人民的能力和成就；而男性，特别是上流社会的男性则拥有真正的智慧。当时学者认为，女性能说会道，实则头脑简单；而英国绅士沉默寡言甚至口齿不清，则表明其思想深邃而有力。如此看来，女性与生俱来的语言能力反倒成了她们思想浅薄和头脑简单的证据。1897 年，英国国教会的大牧师约翰·本内特认为，男性之所以显得迟钝和无趣，是因为他们说话做事都经过深思熟虑，常言道"沉默是金"嘛！

将失败归因于女性本身，并得出女性天生有缺陷的结论，这也是许多性别心理学研究持有的偏见。在对高中学生的采访中，我常常感觉到男生和女生对自己的学习潜力有刻板印象。但更加令人担心的是，人们认为女生不擅长数学，这一观点竟来自我们学者的研究本身。近期，在加州的高中生采访中，我跟学生克里斯蒂娜和贝齐聊到男生和女生的差异。

我问道："你们觉得男生和女生学数学，对双方来说难度一样吗？"

克里斯蒂娜："嗯，听闻有科学证据表明男生的数学比女生好，但在我们班嘛，我就不清楚了。"

我追问："那……你是从哪里听说男生数学比女生好的？"

克里斯蒂娜："大家都这么说呀，男生擅长数学，女生擅长英语。"

我笑道："真的吗？"

贝齐："是的，我看到电视节目上说女孩不擅长数学。我就想：既然不擅长，那为什么还要让我学数学呢？"

贝齐同学提到的电视节目向大家展现了男生和女生的数学能力差异。这类性别研究发现女生成绩比男生差，女生在课堂学习中表现得更没自信。

但问题的重点不在于此，在于这些研究的归因。在性别研究中，这些差异都被归结为女性本身的特点，而不是外在因素。这种错误推论导致教育工作者做出了无心却错误的“善举”：改造女性。

20 世纪 80 年代兴起了一类电视节目，策划者们在节目中培养女孩的自信和野心。虽然出发点没错，但这在无形中把改变的责任推给了女性个体，而不是去反省整个社会体系。

《纽约时报》在 1989 年 7 月 5 日刊登了一篇《数据不说谎：男人的确比女人优秀》的文章，讨论了 SAT 分数的性别差异。这篇文章和其他媒体宣传的内容没有差别，都用成绩差异来暗示女生在数学上的劣势，而没有质疑教学本身，也没有质疑媒体创造出来的刻板印象，这些都是导致女生数学成绩不佳的重要因素。讽刺的是，如今女生全盘赶超男生了，却没有媒体站出来说这是因为“女性天生更聪明”。

曾经有人说，上天用“糖果、香水和一切美好的东西”创造出女孩。这句童谣也许并无恶意，但它反映出的性别观念是：女孩空有甜美，在理科学科上却缺乏严谨性。

今天，这种刻板印象仍然根深蒂固。我们应该从现在开始，打破大众的刻板印象，鼓励女生学习理科，为了她们自己，也为了学科本身。数学研究一直需要深入探究、建立联系和严谨思考，女生非常适合研究数学，特别是高等数学，而她们放弃数学的唯一原因便是教学的失败。

第 7 章

成功教学的策略和方法

所有望子成龙的家长都面临一大挑战，就是帮助孩子在社交、情感、道德、精神和智力方面全面发展。作为两个孩子的母亲，我知道其难度非常大。许多家长最头疼的就是孩子的数学学习，特别害怕孩子对数学产生阴影，而很多父母自己也有阴影。

正如我在前面的章节中所说，学生和数学之间的关系亟须“修复”，因为糟糕的数学学习体验足以摧毁一个学生的信心。在学校的糟糕经历不但会让学生觉得自己不够好、很愚蠢，还会让他们从此放弃这门学科。

好在，我们整理出了数学学习的原则，都是非常明确的原则。无论是早教阶段的儿童，还是学龄阶段学习困难的学生，这些原则都能给家长明确的指导方向。在本章和下一章中，我会把这些原则和方法一一介绍给大家。

本章会为下一章的内容做铺垫，在本章中，我会回顾一项研究。该研究发现，一种学习方法对学好数学至关重要，它也能将数学成绩好与成绩差的学生区分开来。

在本章的前半部分，我将仔细解释这种学习方法。在后半部分，我会从自己的研究中提取部分个案来阐述这种方法的意义。这些个案是一批成绩不太好的学生，在此之前，他们和大部分学生一样，一直没接触过高效的教学方法和学习方法。通过阐述这些案例的细节，可以让父母得到一些感知。在暑期课程中，我和学生的接触时间只有短短的五周，五周以后，这些学生在家里也得到了父母的支持，并且掌握了更高效的学习方式。

此外，我还会分享几个学生的故事。他们的学习环境非常典型，同时他们在最初也非常抗拒数学，这可能会让部分家长想起自家那“不争气的娃”，但在我的暑期课程结束后，这些孩子都有所改变。而在下一章中，我会具体展开父母的协助方法，以及加深家长和老师、学校的沟通联系，以共同促进孩子的成长。

成功的关键

我们从 1994 年的一项颇具影响力的研究中看到，两位英国研究人员埃迪・格雷和戴维・托尔发现了孩子们学不好数学的原因。我认为，他们的研究结果应该加以推广，让每个数学课堂都好好学习一下。

研究人员以 72 名 7～13 岁的学生为对象进行了一项教学实验。他们邀请老师从班里分别选出高于平均水平、平均水平和低于平均水平的孩子，并对这些孩子进行采访和让孩子做试题。一种题目是一位数（如 4）和两位数（如 13）的加法，研究人员一一记录下孩子在计算时使用的方法，不同的方法确实能反映出孩子的学习表现。

以 4+13 为例：

其中一种解题方法是“全部计数法”。先数出 4 个点：1、2、3、4；再数出 13 个点：1、2、3、4、5、6、7、8、9、10、11、12、13；接着，再把所有的点从头数一次，即从 1 数到 17，就能得出答案是 17。这种方法在孩子刚学数数的时候常常用到。

从头数数还有一种更高级的方法，就是“期望计数法”，即从 1 数到 4 以后，直接从 5 数到 17。

第三种方法叫作“通晓计数法”，有人看到 4 加 13，能不假思索地得出 17，是因为他们记得这两个数字相加的结果是 17。

第四种方法叫作“衍生计数法”，即拆分和重组数字，找到更为熟悉的数字组合进行加减，再重组相加。比如，13、4 即是 10、3 和 4，找到熟悉的两个数先行相加，再求出总和。

这种拆分和重组的方法在进行心算的时候格外有用。举个例子，计算 96+17。对大多数人来说，直接相加并不容易，很多人开始为难。但如果先从 17 中借走 4，和 96 凑成 100，问题就变成了 100 + 13，题目难度立马下降。所以，研究者们将这种方式称为“衍生计数法”。擅长数学的人总会充分利用拆分和重组的方法，通过拆分数字，将原来的数字变成更熟悉的数字，从而降低运算难度。

研究人员发现，在 8 岁以上的年龄组中，高于平均水平的儿童中使用期望计数法的占 9%，使用通晓计数法的占 30%，而使用衍生计数法的占 61%；同一年龄组中低于平均水平的儿童使用全部计数法的占 22%，使用期望计数法的占 72%，使用通晓计数法的仅占 6%，没有人使用衍生计数法。缺乏衍生计数的能力，让这批儿童无法在数学上取得好成绩。

到了 10 岁年龄组，低水平学生使用通晓计数法的比例赶上了 8 岁的高水平组。我们可以推测，随着年龄增长，他们脑海里积累了更多数字运算的结果。但值得注意的是，他们仍然没有学会使用衍生计数法。相反，他们还在用数数的方法计算。

我们由此可得知，成绩优异的学生不仅知道得更多，还懂得运用不同的方式思考。他们的思维非常灵活，对数字有拆分和重组的能力。

研究人员得出两个重要结论：第一点，我们通常认为成绩较差的学生学得很慢，而事实上，他们的学习速度并不慢，只是使用的方法跟其他人不同而已；第二点，成绩差的学生，他们学习的数学是一门更难的学科。

成绩差的学生学习数学更难，我用“倒数计数”来说明这种难度。这些学生在做减法题时经常使用这种方法。例如，计算 16 - 13 时，他们会从 16 开始倒数 13 个数（16、15、14、13、12、11、10、9、8、7、6、5、4），在这个过程中，学生所需的认知复杂度很高，出错的概率也非常大。成绩好的学生不是这样做的，他们先用 16 减去 10 等于 6，再用 6 减去 3 等于 3，这样操作反而更简单。

从研究中可以看出，成绩好的学生似乎有拆分和重组数字的观念意识；而其他学生之所以成绩上不来，原因很简单，他们还没有懂得这个道理。

研究人员还发现，成绩较差的学生在计数方法上存在劣势，他们不懂得改变方法，反而更加勤奋地使用单纯的计数方法。我们在实验中发现，成绩不好的学生在做数字较小的计算题时效率和正确率更高，这是因为数字较小，计数的难度也更小。他们认为，想要成绩好，就要把数字数精确。但事与愿违，随着学习更深入，数学问题必将变得越来越难，他们不得不用初级的计数方法对付越来越复杂的数学计算题。与此同时，成绩好的学生早已抛弃了全部计数法和期望计数法这类初级计数方法，学会了更灵活地拆分和重组数字。这种方法能把问题简单化，在数学运算中变得越来越重要。由于成绩差的学生继续死板地掰指头数数，成绩好的学生越来越灵活地处理数字，他们的成绩差距就变得越来越大了。

不出所料，研究人员发现，不懂得灵活处理数字的学生也会错过许多重要的数学思考机会。

其实学习数学，是不断压缩知识、腾空大脑的过程，意思是在学习新知识之初，比如学习乘法，我们对方法感到生疏，需要通过大量练习来提高熟练度。当我们对新知识有更清晰的认知的时候，就会把知识和经验“压缩归档”，让大脑腾出来学习更加复杂的概念。到了后期，当我们再次遇到乘法问题的时候，大脑会自动弹出解决方法，不需要再费脑力深入思考了。

康奈尔大学数学和计算机科学专业教授威廉·瑟斯顿曾获得数学领域的最高荣誉——菲尔兹奖。他这样描述学习数学的过程：

“数学思维的压缩空间是非常巨大的。在学习之初你可能要花很长时间，对同一概念进行不同角度的推导，但等到你真正理解这一概念，并能有体系地看待不同的数学概念以后，就能将这些概念进行海量压缩并归档至知识库里待命，随时都能快速而完整地调出。当再次调出时，原本花费巨大脑力的过程早已压缩成一个小步骤。我发现，这种压缩知识的感觉成为我研究数学的一大乐趣。”

如果将数学的学习过程画出来，那就是把知识比作一个向上照射的喇叭状探照灯，口径较大的部分是我们正在学习的知识，而口径较小的部分则是以前学的旧知识，时间久了，积累的知识就在下面无限压缩。

掌握知识的压缩技能，就能轻易调用起曾经学过的知识，比如计算加法或乘法时，我们不需要在每次运算的时候都在脑海里过一遍它的运算原理。

研究者发现，成绩差的学生不擅长压缩知识，只专注于记忆不同的方

法，处理复杂问题时只会将记住的方法叠加，而这将占用巨大脑力，导致他们无法思考新一轮的复杂的知识。

对成绩不如意的学生来说，学习数学的过程并不是上大下小的探照灯的形态，而是一条通天梯，每学习一个新知识，就向上积累一级台阶。

还没学会灵活处理数字的学生，往往只会机械地搬运在课堂上学的解题方法，对每种方法的优先级没有概念，只是死记硬背。对这些学生来说，他们学习数学更花费脑力。

成绩差的学生学习模式并不高效，他们需要在老师和同学的帮助下改变自己的数学世界观。但现实情况下，他们通常得不到这种帮助，而是被当作不努力的学生，要用更多的算术题来“补拙”。

可惜，这不是学生最需要的练习，这种练习只会强化他们错误的做题观念。正确的观念应该是玩转数字，我会在下一章讲如何培养这些孩子的数字敏感度。有些家长认为，自己的孩子现在才培养数感为时已晚，其实无论在什么年纪培养数感和数学思考方式都不会晚。正是因为相信这一点，我才会投身于高中课堂的研究，帮助后进的学生，力求传授给他们灵活运用数学的经验。

我设立的暑期实验班

我们的教学试验地点设在旧金山，暑期班为期五周。说实话，由于好几年没亲自上课，我的内心不免有些忐忑。这仅仅是针对六七年级的暑期班，学习时间短，也没那么严肃，所以很难在五周时间里建立良好的课堂惯例。

班上的学生也非常多样，有的喜欢数学，希望在暑期继续学数学；有的是期末考试不及格，被迫来补课的。他们的成绩也反映出水平的参差，这个班级里，有 40% 的学生在上学期的成绩是 A 或 B, 而也有 40% 的学生是 D 或 F。

我们的研究小组一共 5 人，由我和 4 名研究生尼克、泰莎、埃米莉、珍妮弗组成。学生则是六至七年级的一共 4 个班的学生，每周上课 4 天，每次课程 2 小时。

我们的研究重点是教学方法和学生的学习效果，通过课程旁听以及对学生的反应进行记录、访谈和评估，来监测学生的学习情况。这些班级的学生有 39% 的西班牙裔、34% 的白人、11% 的非裔美国人、10% 的亚洲人、5% 的菲律宾人，还有 1% 的印第安人，他们的身份和经济背景各不相同。稍后我会简要介绍暑期班课程，然后讲述四名学生的经历，向大家展示暑期班课程对他们的影响。

暑期班课程的首要目标是教会学生灵活地运用数学知识，学习拆分和重组数字。我们还希望学生学会提出数学问题，主动探索数学规律和关系，去思考、概括和解决问题。这都是数学中最关键的技能，但平常在学校，老师并不重视。

在以往的课堂上，这些学生大多在埋头做题或重复老师教的程序和方法，所以我们的暑期班对他们来说是非常特别的课程。

暑期班的教学内容聚焦在代数思维上，因为我们考量过，这对学生未来的学习最有帮助。暑期班的教学重点也放在学数学的关键技能上，包括提问、灵活运用数学技巧、推理和表达想法。这些学习方法都非常重要，只是平常大家都忽略了。

其实学生，特别是六年级和七年级的学生，本该懂得怎么提问。提问是学习者最重要的能力，也是学生对教学活动最大的贡献之一。但研究表明，随着学生进入学校，他们的提问次数越来越少，在课堂上也很少有人敢举手问问题。所以，他们在学校学会的便是不问问题，就算听不明白也渐渐和旁人一样保持沉默。学会提问，已经被证实可以提高学生的数学成绩，改善学生的学习态度。我们都知道，会问问题的学生通常成绩不会太差。

尽管大多数老师都认为学生的问题很有价值，但在课堂上他们并不准备给学生提问的机会。而在我们的暑期班上，我们会鼓励学生提问，并告诉学生，怎样提问才能提出一个好问题。

我们在暑期班的第一节课就和学生说明老师对提问的重视态度。当学生提出好问题时，我们会把问题张贴在黑板上。老师也会主动给学生一个问题，并鼓励他们在这个问题的基础上提出自己的问题。学生在课堂上和课后采访时也提到，在暑期班里他们学会了提出问题，并认为学会提问非常有用。

此外，我们还重视学生的推理能力，鼓励他们通过提问来学习推理。推理的使用场景很多，比如用推理来证明自己的论点，解释事物的道理，或者在质疑声中为自己的观点进行辩解。

凡是掌握正确的数学观念的学生，都懂得提问，懂得获取答案，懂得推理。因为他们深知数学是一门通过理解来学习的学科，而不是靠背诵学习的学科。

暑期班的老师在与学生单独聊天的时候、小组讨论的时候以及在课堂交谈的时候，都会给学生留足机会解释自己的答案，鼓励他们有理有据地向同学阐述观点。在小组讨论的时候，他们会相互督促，向同学提供解释和证明。暑期班结束的时候，这些已经成了学生的习惯。

除了提问和推理，暑期班还重视数学表达。会解决问题的人，都能找到最合适的方法呈现答案。例如，一条数学表达式如果能转换成图形或图表，那么转换视角后问题就变得简单易懂了。又比如对不同的人，用不同的数学表达方式能降低理解门槛。

对于需要数学的工作岗位，如工程技术岗和医护岗，理解数学和表达数学早已是基础操作。灵活转换数学表达方式成了在许多行业工作的关键技能，并且常常是解决问题的第一步，可惜这种技能在课堂上很少有机会学习。

在暑期班里，老师会用不同的方式向同学们展示问题。老师还特别重视数学问题的视觉传达，会使用立方体和珠子等教具和图表呈现问题。同时，老师也会要求学生将丰富的数学表达融入自己的作业之中。学生在采访中也和我们说，他们以前不知道，数学思想竟然能用图像表达出来，他们认为这些表达方式在解决问题时有很大的用处。

我们还重视数字的拆分和重组。想让学生学会这个技能，教育家露丝·帕克的教学方式最有效，即“数字对话”。在数字对话中，老师会给出一条加法或乘法的数学算式，比如 18×5，让学生在没有纸笔的情况下独自心算得出结果。得出答案的同学可以伸出一根手指偷偷告诉老师，但不要高高举手，这样会给旁边的同学带来压力，因为老师不想把这个活动搞成速度竞赛。随后，老师会收集学生的心算方法。以 18×5 为例，其中 4 个学生分享的方法和步骤如下：

方法 1	方法 2	方法 3	方法 4
$18+2=20$	$10\times5=50$	$15\times5=75$	$5\times18=10\times9$
$20\times5=100$	$8\times5=40$	$3\times5=15$	$10\times9=90$
$5\times2=10$	$50+40=90$	$75+15=90$	
$100-10=90$			

这 4 种方法都包含数字的拆分和重组，把原数学式转换成等值的新算式，用更容易的新算式进行计算。在同学分享这些拆分方法的时候，有些同学表示，这是他们第一次知道数字还能这样处理。

参与数字对话的时候，同学们没有时间限制的压力，所以能任意选择他们感到简便的方式进行数字拆分，于是这个过程就变得很享受。

有些同学在暑期班里第一次接触拆分和重组数字，得知身边同学的想法和方法以后，他们也会欣然接受这种方法。许多同学在采访中提到，“数字对话”是他们在暑期班里最喜欢的环节，因为他们喜欢研究数字的感觉，喜欢在分享中相互学习，这种乐趣在平常的数学课上是体验不到的。

数学在大家眼中往往是一板一眼的学科，解决每个问题有且只有标准方法，但事实并非如此。数学的美妙之处在于，在解决问题时有丰富的解决视角，尽管许多问题都只有一个答案，但用很多方法都只能得出这个答案。当我们向学生询问，老师的课堂内容什么最有用时，“灵活寻找解决方案”稳居前位，仅次于“与同学合作”。

暑期班开学第一天，我们就给每一位学生发了一本日记本，让他们记录下自己的思想变化。我们希望通过这些日记，让学生有机会相互交流学习感想，而对于不愿公开内心想法的同学，日记本也是一个安全的树洞。在暑期班期间，我们时常收集学生的日记本查看，以便于发现他们的问题，并给学生反馈。在此之前，学生很少有机会在数学课上写下感想，以及有条理地记笔记。所以，这个日记本对他们来说是非常重要的。

暑期班经常有各种小组学习活动。大部分时候，学生可以自行分组；而有些时候，则由老师来分配，好让学生接触不一样的同学和不一样的想法。让学生自主选择座位，是这个课程的一大原则，它给学生机会独立选择、自主学习，并让学生对自己负责。老师经常向学生强调，要对自己的学习负责，鼓励他们努力改变，最终提高学习质量。

在整个暑期班里，我们把不同的任务和方法结合起来。变通是数学课堂中非常重要的特性。在学习形式上，我们有讲座、小组讨论和家庭作业等高效的学习形式；在练习题上，学生也能接触非常多样的任务，有为期较长的应用作业，也有简短的练习题，包括理解题和简单的调研问卷题。但不管是学习形式还是任务，都不应该只选某一种用到底，因为如果学生在课堂学习中就能接触不同形式的问题以及探索各种解决问题的方式，这对他们未来走向社会、适应不同的工作岗位是极其有益的。

上过传统数学课的学生常常抱怨课程总是千篇一律，我承认这个评价很中肯。在学习上，单调的课程唤不起学生的学习兴趣；而当他们进入工作岗位后，他们也只会用课堂上的做题方式来解决工作中的问题。

在我们的课堂上，我们不仅会预留时间给全班讨论，也会预留时间给小组讨论；练习题有需要小组合作的宏观课题，也有可以独自完成的简短问题；我们不仅有类似凤凰园中学的探究型任务，也有结合现实场景的应用型任务，比如足球世界杯活动。在这个任务中，学生要计算各国家队之间的比赛场次、比赛类型等，而后就能顺理成章地介绍“组合数学”的概念了。在布置任务时，我们也给学生很大的自由，除了部分限时任务外，学生可以自主选择任务，并且自行定下完成日期。此外，我们还鼓励学生在完成任务的基础上扩展问题，选择对他们来说最有意义的方法解决问题。在整个课堂中，我们鼓励学生提问、表达、推理、概括，相互分享和探索不同的方法。我们也花了很多心思来建立学生的信心，抓住机会表扬孩子的作业和想法。

暑期班结束时，我们给学生做了他们在传统课堂上做过的代数考试题，尽管我们没有专门教授应试内容，且教学内容比考试的内容要广泛得多，但学生的得分比原来有了明显进步。暑期班前学生的平均分是 48 分，暑期班结束时平均分提高到了 63 分。在调查中，87% 的学生报告说，在暑期班学到的知识比以前学的更有用；78% 的学生报告说，他们非常喜欢这类课程。他们在暑期班中都非常积极主动地学习。许多学生告诉我们，平常上课的内容不仅无聊，而且打击他们的信心，其中最大的原因是在课堂上他们不能开口讨论、提问。谈及上暑期班的感想时，学生们想到的是学习的乐趣，特别是与同伴交流时，学到了解决问题的不同方法、不同策略，以及在课堂上有时间思考，在讨论中有机会阐述自己的推论。

除了在采访和匿名问卷中学生给出了积极评价外，学生上暑期班的意愿也大大提高。在第一节课上，我们问学生，是谁让他们来上课的，他们想不想来上课。调查显示，90% 的学生都不是自愿来学习的，他们中的大多数人都不想来上课，原因是上课很无聊，来上课就是浪费大好的暑假时光，而且他们预计课程含金量不高，没必要上课，倒不如和朋友出去玩。学生最初的态度反映出他们对数学课缺乏热情。在第一节课上，大家要么沉默不言，托腮发呆，或者干脆戴上帽子把自己藏起来；要么和朋友交头接耳，大声聊天，根本不听老师讲课。但让我们兴奋的是，随着暑期班课程的深入，学生的参与度发生了巨大变化。仅仅上了几天我们的课，大家就早早来到教室，兴致勃勃地等我们开课。他们做题变得认真了，对问题也表现出浓厚的兴趣。之前不愿上课的学生也加入了班级讨论，他们的兴趣也从年轻人的流行话题转向了数学问题。

当这批学生重新开学回到正常课堂时，我们继续跟踪了他们的成绩和学习状况。研究人员旁听他们的课程，观察老师的教学方法和学生的参与情况。结果又打回原形：学生坐成一排，不能发言，独自埋头做着简短的数学题，而问题的解决方法仍然死板、单一。可悲的是，当这批学生回到正常课堂时，他们根本没有机会使用从暑期班学来的思考方式。我们无法指望暑期班的课程能给他们带来长期影响，因为即便学生在暑期班体验到了数学之美，掌握了新的学习方法，回到限制多多的正常课堂时，他们也很难把自我优势发挥出来。

也因为如此，家庭教育的重要性就体现出来了，家长可以在家鼓励孩子沿用我们的方法进行学习。令人高兴的是，大家在下一学期的学习中确实有所进步，并且成绩显著提高，而参加其他暑期班的对照组的学生的数学成绩并没有显著提高。

还有一个很可惜但也在意料之中的结果，就是学生在暑期班中燃起的学习热情持续不了多久。在传统课堂里，他们没办法保持学习热情，即便接下来一学期的成绩有所提高，但到了再下一学期，成绩又恢复原状了。

当然，也有一部分学生在暑期班后的一个学期或两个学期都保持很好的数学成绩。对这部分学生来说，暑期班的数学学习体验打开了他们的思路，其中的学习方法仍然能迁移到日常课堂中使用。莉萨同学是能保持成绩的学生之一。我问她暑期班对往后的学习有什么帮助，她说："如果老师提供的方法无法解题，暑期班教会了我用其他方法解决。"梅利莎也是暑期班的学生，她之前的成绩是 F，暑期班结束后的成绩是 A。她告诉我们，在暑期班学到的最有用的部分是学习技巧，其中印象最深刻的就是"在不确定的时候敢于提问"，并从中寻找规律。她还说："我以前讨厌数学，因为数学太无聊了，但在这个班里，数学是一门很有意思的学科。"这两点收获必然对她的进步有很大帮助。在下一章中，我会把暑期班的培训内容告诉大家，让父母在家也能鼓励孩子用新方法学习。

以上是整个暑期班的调研结果，我们收获的都是积极评价。接下来，我选出了 4 个学生的故事，我相信这些深刻、鲜活的个人体验能给我们一个大致图景，也能让我们从细节上体会到很多孩子不喜欢数学的原因。

被激发起学习兴趣的乔治

乔治来上暑期班之前，他的数学成绩常年徘徊在 D 和 F 之间。开学第一天，我就看到他笑嘻嘻地走进教室，和朋友们有说有笑。和往常一样，他身穿宽松蓝色牛仔裤，戴着一顶橄榄球帽，在老师的反复劝说下才肯在课堂上脱下帽子。在第一节课上，乔治在课堂上和其他同学交头接耳，不按老师要求做题。乔治身上有股江湖气，也很有个人魅力，三言两语就能把同学们的注意力从老师那儿转到他身上。从乔治在课堂上的样子，很容易看出他平常在学校同样表现不佳。他是坏学生的典型代表，他在数学课上不做功课，老师也不敢惩罚他，同时他把其他同学也带坏了。

在往后几周里，乔治身上还是有一些坏学生的特质，比如上课还是要花一点时间才能进入状态，还是喜欢交头接耳，还是会阻止同学去讲台上发言。但同时，他在认真学习的时候，也能全身心投入。在调查中他写道，自己在暑期班学习要比平常认真多了。在讨论中，他倾听同学们的意见，有时还主动提出自己的想法。暑期班的日子一天天过去，他举手发言的次数越来越多，破坏课堂纪律的现象也越来越少。作为一个成绩不太好的学生，相比数学讨论，开玩笑才是他的拿手好戏。但在课堂上，他能和同学谈论数学，而不是转移到自己更擅长的玩笑上，这就是进步。还有一个令人欣慰的细节，他和另外两名同学在课堂上花了一个多小时来解决一个颇有难度的规律探索题。整节课上，他们所有注意力都倾注在这道题上，甚至有人坐过来的时候，他们就转移战地继续讨论。并且在讨论中，乔治不是被动地跟随同学的思维，反而能带动同学深入讨论。当他有不明白的地方时，就会举手提问，并主动提出自己的想法。他能长时间沉浸其中，这与第一天刻意破坏课堂纪律相比，真是一个惊人的转变。

作为被贴上坏学生标签的孩子，竟能做到在学习态度上有如此大的改变。我们从他的改变和感想中可以得出，这是暑期班的功劳，老师的某些课程设置提高了他的学习意愿。

值得注意的是，乔治还提到自己在暑期班里更投入、更认真。除了暑期班“更有趣”的事实，他还解释道：“我们以往上课，老师给的都是简单的问题；而在暑期课上，老师会给我们出难题，这唤起了我的胜负欲，我一定要把规律找出来！”

当被问及他还想给数学老师什么建议时，他说：“给学生出一些更难的题。”这些感想都说明，在课堂上布置富有挑战性的任务，对有能力的学生来说，他们感受到的是老师的尊重和重视。

当谈及老师出的题目时，他表示自己有能力解决，在课堂上也有专门留出的时间解决。他解释说，他喜欢探索规律，因为“花了时间认真研究，才能真正掌握探索规律的方法，才能靠自己找出规律”。

乔治还谈到团队合作的价值。他给老师的另一条建议就是多让学生进行小组合作，因为“从别人的想法中能学到更多的东西”。

在暑期班里，乔治体验了解决一道难题的不同角度，以及和优等生通力合作。到最后，乔治取得了好成绩，自信满满地参加了结课仪式，并表示要在接下来的普通数学课上努力学习。但自从回到了正常的学习环境，他缺少了有趣的难题，缺少了小组讨论，最后他回到了暑期班前的学习状态。在接下来一个学期他的成绩是 D，再后来就是 F 了。

渴求了解背后原理的丽贝卡

在我从事教研工作的二十多年中，我见过很多像丽贝卡这样的学生，特别是女生。丽贝卡是有责任心、上进心，也很聪明的学生。尽管数学成绩常是 A+，但她并不觉得自己有数学天赋。和很多学生一样，丽贝卡完全可以将老师在课堂上演示的方法，照搬到练习题中，但她还想理解这道题为什么能这么做，而老师在课堂上并没有给她很好的解释。丽贝卡说从前的数学课总是千篇一律：老师先讲题，学生单独做练习，没有讨论的机会。他们的习题也都非常单一和套路化。在采访中，丽贝卡和她的好朋友艾丽斯谈及自己是否有数学天赋，丽贝卡否定了自己，但艾丽斯说：

“丽贝卡可是得了数学奖的人！”我问丽贝卡：“为什么不觉得自己擅长数学？”她说，这是因为：“我不擅长记忆，而且数学要背诵的东西太多了。”

当学生告诉我，数学有很多东西要背诵的时候，我就知道他们接受的数学教育是失败的，他们的老师也歪曲了这门学科的本意。我十分清楚，学生每天泡在老师布置的练习题里，渐渐认识到这些做题套路是靠记忆的，而不是靠理解和建立概念之间的联系来做的。其实数学根本不需要记忆。丽贝卡向我解释，学数学“必须靠背”，而且很难记下这么多东西，因为“这些做题套路在生活中毫无用处”。日复一日单调的课程和不断累积的背诵内容，让她即便得了 A+ 也没有成就感。而我们的暑期班则致力于教会学生把解题策略和思想串联起来，并帮助学生理解背后的数学原理。丽贝卡的高中老师告诉我们，她在课堂上很少发言，可能是太害羞了。但自从来到我们的暑期班，丽贝卡渐渐对我们展示的数学问题产生兴趣，并理解了题目背后的原理。现在的她不仅勇于在课堂上发言，甚至还敢走到讲台上，向全班展示她的推理。看到丽贝卡能公开发言，我们非常惊喜，这是她第一次理解了数学，并在理解的基础上说出了自己的想法。

丽贝卡对我们的暑期班高度认可，因为她终于体验到靠理解来学数学的课程了。谈及暑期班和以往的数学课有什么不同时，她说：“在暑期班里，我们理解问题，超越或者扩展问题，这都是非常自然的事。而在以前的学校，求出习题答案便是终点了……理解背后的数学原理，就像画出了事物的内部结构图，我们有机会一睹它的运作方式和运动规律，而扩展问题能够帮助自己更好地理解这一概念。在这门课上，求得答案并不是终点，我们不会就此罢手，而是继续前进。”

丽贝卡很清楚“大题”的价值，做难度更高的大题时，她就有机会探索，而在探索过程中就能对数学概念有更新的认知。

有些人可能会担心，成绩优异的学生不能和成绩差的学生在同一个班级学习，但无论是在课堂上还是在采访中，丽贝卡都不认为与后进学生合作会对她产生任何影响。相反，她在日记中写道，暑期班“能学到更多，因为在小组里面，我会给不明白的同学提供解释，也能从其他同学的解决方案中获得灵感，这让我受益良多”。

当我们问丽贝卡在暑期班学到了什么时，她提到这门课的几大方面：学会了概括代数式“而不是和超难代数较劲”，通过数字对话学会了两位数的乘法心算，还学会了提问和组织自己的语言。此外，用她的话来表达，还学会了“超越问题的答案，思考更多”。

丽贝卡在总结暑期班的经历时说道：“上过这么多堂数学课，我最喜欢这堂课了，因为老师布置的问题真的很有意思，我相信，我从这堂课中学到的知识，比从教科书中学到的多得去了。”

在我们暑期班结束后的第二年，丽贝卡的成绩仍然是 A+。但保持好成绩的同时，我相信她不再认为数学是一门不必理解、纯靠背诵的学科了。

创造力惊人的阿朗佐

不认识阿朗佐的人，容易误认为他是一个爱博眼球的人。不管在课堂上还是下课后，总有一帮人围着他转，他似乎也很享受被簇拥的感觉。阿朗佐看起来人狠话不多，身材高大，有着运动员的体格，在人群中仿佛会发光，同时崇尚“沉默是金”，有着敏锐的观察力。

在前几天的课程中，阿朗佐会悄悄溜进教室，帽檐拉得很低，好像有意要躲起来似的，默默地看着课堂上发生的事。随着暑期班的开展，阿朗佐的行为也慢慢发生变化。我明显感觉到，数学问题开始在他心底生根发芽，在解决问题的过程中，他逐渐表现出好奇心和创造力。在数学课上实践自己的想法，这种习惯慢慢改变着他，让他的学习态度改变了。

和很多人一样，阿朗佐以前的成绩是F，是数学老师让他来上暑期班的。阿朗佐说，以前的数学课都是老师讲课，学生埋头做作业，很少有小组讨论。对他来说，数学学习就是一种循规蹈矩、每天重复的工作。阿朗佐描述道："在以前的课上，我们只能做题，不能交谈，也不能主动问老师'我还可以做些什么？'。老师只会给我们一张纸、一支铅笔，让我们乖乖做题。"在课间的闲聊时刻，阿朗佐和我们说，从前的数学课无聊到死。

但我们的暑期班却可以调动起阿朗佐的好奇心和创造欲。以一个名叫"楼梯"的小作业为例，在这个作业里，老师把一堆方块叠成楼梯形状。同学们要计算1层高楼梯所需方块的数量，再到2层高楼梯、3层高楼梯，以此类推。然后猜测10层楼梯所需方块的数量，再到100层……最后用代数表示任意层楼梯所需的方块总数。老师还把这些方块发给大家，让大家必要时可以堆成楼梯验证自己的想法。

4层高楼梯所需方块总数 = 4 + 3 + 2 + 1 = 10

讨论进行到一半时，阿朗佐似乎脱离了老师的任务，自顾自地把玩着这些方块。我走近一看，原来阿朗佐在改造楼梯形状，让楼梯向四个方向延伸。因此，1 层高楼梯总共有 5 个方块，2 层高的楼梯总共有 14 个方块，以此类推。

若是在以往的课堂，老师肯定觉得他在胡闹，但阿朗佐这么做就是在超越原有题目，创造出一个更能反映代数特性的问题。最后，其他同学做完老师布置的题目以后，都跑来一起研究“阿朗佐的楼梯”问题。

阿朗佐的楼梯：5 个方块

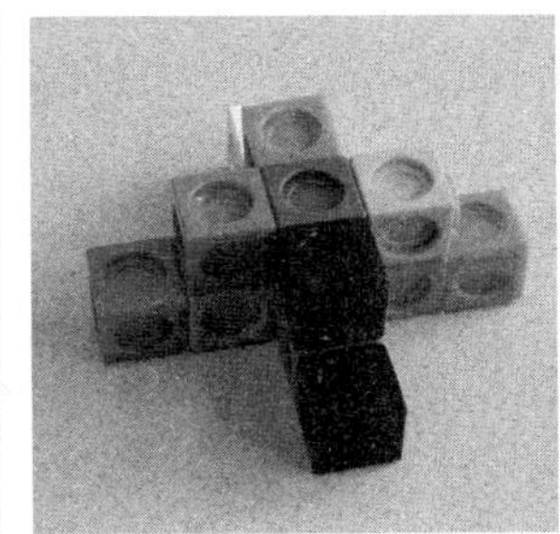

5 + 9 = 14（个）方块

5 + 9 + 13 = 27（个）方块

阿朗佐的创造力给老师留下了深刻的印象。他在数学课上变得越来越投入，并且自我要求很高，在解决数学问题上追求更完美的结果。于是老师高兴地把阿朗佐的表现告诉了他的父母。

在电话里，他的妈妈说阿朗佐有当工程师的潜质，他在家设计了不少“便民设施”，比如用牙线和一堆硬币搭建起一个机械滑轮系统，所以在卧室里不用下床就能随意开关灯。妈妈回忆起他设计这个“遥控灯”时的情形，阿朗佐把自己关在房间里，仅仅在寻找工具的时候才会走出房门。完成以后，阿朗佐还兴奋地和妈妈讲述了反复做实验的过程：为了找到足够重的硬币，又不能弄断牙线，他反复用大小不同的硬币试了无数次。

尽管阿朗佐小时候就显露出卓越的创造力，对数学也很有兴趣，可是他上三年级以后，妈妈就没有听到老师再表扬他的数学能力了。妈妈非常感谢我们告诉她这个好消息，并希望在暑期班后也能保持联系，争取帮助阿朗佐在自己的学校也能多接触数学探索活动，发挥他的聪明才智和创造力。看到阿朗佐在暑期班的表现以及家长对他的评价，很难想象他平常会得 F。

在为期五周的暑期班里，我们使用了开放式的问题、实操导向的问题以及小组讨论的合作形式。这些都极大地激发了阿朗佐对数学的好奇心，还促使他在课堂上扮演更重要的角色。

在一项名为“牛栅栏”的任务中，同学们要在牛的数量不断增加的情况下建立栅栏围起牛群，怎么围及栅栏用多长是这个任务的难点。讨论结束后，小组派代表分享自己的解决方案，阿朗佐第一个举手。他大步走到黑板前，画出了他的围栏方案，一开始用数字，最后用代数式表示出了他

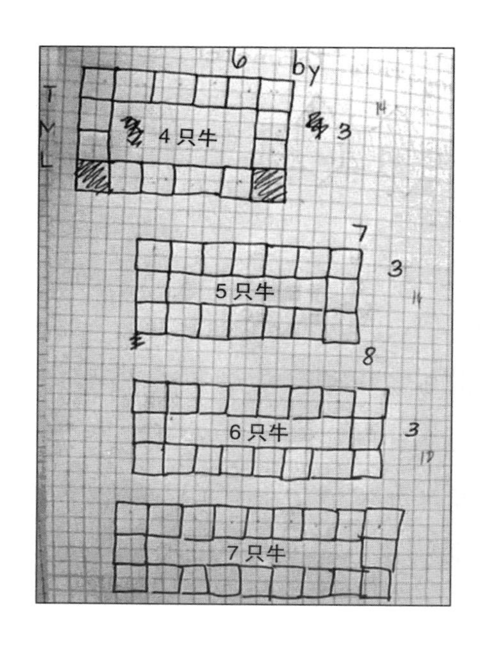

的结果。

在他走上台的那一刻，曾经压低帽檐躲在角落的阿朗佐消失得无影无踪，现在的阿朗佐对数学更加自信，能够落落大方地和全班同学分享自己的想法。暑期班结束时，阿朗佐的代数考试成绩名列前茅，得到 80 分的好成绩，比暑期班前的成绩进步了 30%。但是，当阿朗佐回到普通课堂被老师逼着埋头做题时，他又开始逃课，成绩再次回到 F。

喜欢交流、接触多样性解题方法的塔尼娅

塔尼娅对自己的评价是外向。不难看出，她在数学课上常常和别人聊天讨论。塔尼娅和她的朋友伊克斯谢尔在上课的时候常常有说有笑、交头接耳，完全没有意识到自己被老师盯上了，因此老师常在课程中途揪她们俩的纪律。

像塔尼娅这种“话匣子”学生一定让不少老师头疼。她的老师给她的评语是：“塔尼娅的声音富有穿透力。”这句话高情商地道出了塔尼娅阳光、爱热闹的性格，也暗示了塔尼娅在课堂上常常被老师提醒要遵守纪律。但塔尼娅非常清楚，自己在学习中也有强烈的交流需求。

在采访中，塔尼娅提到自己喜欢和同学们一起学习，她解释道：“这样我才知道自己有没有做错，以及这道题是不是只有唯一解法，我的解法是不是太复杂，我要看看别人是怎么做的，多尝试才好。”

可惜塔尼娅在以前的课堂上不能和其他同学讨论作业，她和我们说：“学校里的数学课实在太难熬了，不能说话，不能交流。我在其他科目的课堂上明明可以讨论的……但在数学课上，当老师说‘好，开始做题，别出声！嘘！’时，我们就只能自己默默做题。”塔尼娅是这样形容老师心目中的理想课堂的：“全程鸦雀无声，这样老师最开心了。”

而我们的暑期班就不一样，能够提供充足的讨论机会，满足跟塔尼娅一样有讨论需求的同学。塔尼娅滔滔不绝，和我们讲述讨论对学习的重要性。她看重讨论的机会并不是因为她想和人聊天或想满足她的社交欲，而是为了理解数学。她提到："通过讨论，我可以接触各种解决难题的方法，而在学校，我们只有一个标准答案和标准方法。不像这里，解决一道题竟然有如此丰富多彩的思路。通过讨论，我有了一种柳暗花明又一村的心境，真是让人豁然开朗。"

塔尼娅来报名我们的暑期班，是因为上个学期她的成绩不太好。而在暑期班里，塔尼娅的学习表现非常好，在期末的代数考试中名列前茅。在访谈里，塔尼娅坦言："在暑期班五周内学到的东西，比去年一年都多。"

这句话可能有些夸张，但它确实反映了塔尼娅对良好学习环境和机会的感激之情。

塔尼娅能在暑期班里受益良多，其中一大关键就是我们布置的数学作业不仅形式多样，而且适用于不同能力的学生。同时老师和她都追求解题方式的多样性。塔尼娅特别喜欢我们布置的作业，比如操作类任务（运用搭积木、拼贴、连接立方体等方式进行实操）、规律探索练习，以及全班活动（数字对话、小组练习、写日记和课堂演讲）。在采访中，她说道："我喜欢寻找规律，也珍视各种沟通的机会，这对我很有帮助。数字对话确实帮助我打开了思路。"

塔尼娅似乎很喜欢这种上课模式，并且认为老师布置的作业有趣、容易理解、有挑战性、做起来很有意义："老师布置的任务很有意思，不求甚解地做题是不行的，你真的要经过思考、咀嚼、反复推敲。在完成这个任务以后，老师还会引导我们进行拓展。比如，如果这个条件改变了，那你该怎么办？这种拓展练习能打开我的思路，让问题变得更有挑战性。"

通过与塔尼娅的面谈，以及对她的上课状态进行观察，我们可以看到暑期班的小组合作形式和开放式作业充分满足了她交流的欲望，同时在交流中学习数学，取得进步。和其他同学类似，塔尼娅对数学有学习热情，并想以自己的方式体验数学。她是一个善于交际的人，想通过交流去发现数学的多彩，但在日常课堂之中，她面对的却是单调的数学学习环境，没有色彩可言。

塔尼娅在暑期班获得了良好的学习体验。她努力把从暑期班中学到的东西带到下个学期的普通课堂中，仍然拿到了 B 的可观成绩，但到了第二个学期，她又降到了 D。这个成绩要是放在暑期班的话，实在难以置信。因为在暑期班的她，不仅有学习热情，还颇有潜力。拿到这个成绩很可能和她学校的数学课太过死板、单调有关。她对学校课堂的描述非常贴切："暑期班课堂的颜色是五彩斑斓的，而学校课堂你懂的——只有黑白灰。期待它加点颜色？不可能。"其实塔尼娅的期许非常普遍，仅仅是希望体验丰富多彩和生动有趣的数学课堂，这非常合理。

在我们的暑期班，我们给学生安排不同的活动和作业，我将在下一章分享这些作业形式。我们想给学生传达这样一种数学观念：数学可以通过多种方法获得正确答案，数字也需要灵活运用。我们时常给予学生鼓励，让同学们对自己的数学能力有信心，因为自信是取得进步的推动器。

可惜，学生们仍要回到落后的教学模式里，我们不能陪在他们身边，鼓励他们开发新的解题思路。但这个任务可以转移到家长身上，爸爸妈妈可以陪在孩子身边，不断引导他们在正确的数学道路上前进。在下一章中，我将列出各种各样的学习场景和数学活动，这些场景和活动会让孩子们的数学学习有一个良好的开始，并能鼓励各个年龄段的学生享受数学之美，在数学上取得进步。

第8章

给孩子最好的数学启蒙：学习活动及建议

拜读众多伟大发明家和数学家传记的时候，我发现了一个细节：其中许多人的灵感并非来自学校，而是来自家人。在他们的成长环境中，家人常给他们很多有趣的谜题来思考。

我的家庭也给了我一个良好的开端，因为母亲在我很小的时候就给我玩各种拼图和积木。在我 16 岁的时候，我遇到了一位良师，他经常与我们谈论数学的学习方法，这让我对数学有了更深刻的理解。各位家长，请不要低估家庭环境对孩子的影响，也不要低估简单的活动（比如谜题和游戏）对青少年数学发展和思维开发的作用。这些谜题可能比孩子在传统数学课上碰到的题目更加重要。荣获 1999 年欧盟青少年科学家竞赛首奖的“数学小魔女”萨拉 · 弗兰纳里，在小时候就和她的爸爸一起研究有趣的谜题，她爸爸是科克技术学院的数学老师。在她的数学学习过程中，这些谜题比她多年来在课堂上学习的数学知识更重要。数学谜题是老师或家长引导孩子接触数学的绝佳方式。本章我会介绍这些谜题以及解决谜题的关键方法，这对孩子的数学能力发展将有重大影响。

学习环境的设置

所有的孩子生来都对数学感兴趣，父母只要适时引导和鼓励，就能为孩子提供良好的学习环境。许多对你来说习以为常的数学原理，比如数出一组物体的数量，把它们移动一下换个位置，然后再数一遍，能够得到同样的数字，这对小朋友来说是非常神奇的事情。不管孩子多大，只要你给孩子几个积木或木棍并默默观察他们，你会看到他们做的各种事情都和数学有关，比如给积木排序，拼成各种形状，组合重复的图案。在这些时候，爸爸妈妈可以陪在孩子身边，和他们一起感叹发现的神奇规律，鼓励他们思考，让他们接触不同的挑战。

培养孩子的数学兴趣，父母能做的最好的事情就是提供数学的探索环境，并与他们一起探索数学规律和打开思路。

市面上有许多适合孩子的数学书，但我认为，家长给予的最好的鼓励不是买书让孩子坐下来做数学题，而是提供一个数学环境，让孩子的数学想法自己冒头，然后经过自己的思考，让想法得到验证和鼓励。

我可以告诉家长，数学体现在生活中大量的场景里，等着家长带领孩子挖掘、学习。我在斯坦福大学的博士生尼克·菲奥里有很多数

不同颜色和形状的珠子、绳子

螺丝、螺母、垫圈、七彩胶带

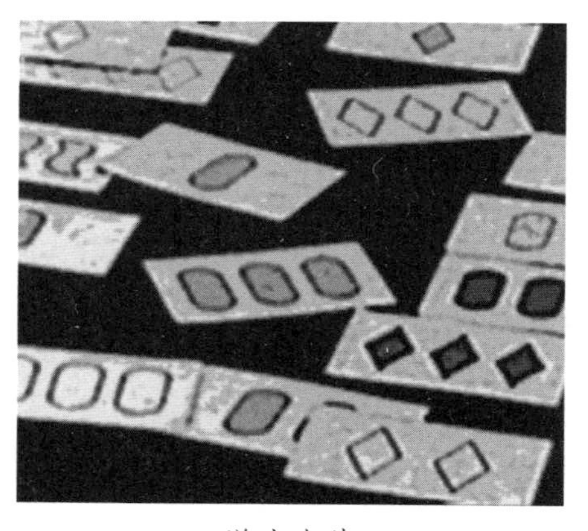

游戏卡片

学教学经验，他在课上给学生提供了不同的数学教具，我放了一些图片给你们看。我们鼓励学生根据这些教具提出自己的数学问题。于是，不同年龄和背景的学生，包括对数学有阴影的学生也能渐渐提出有价值的问题。有些时候，这些问题会把学生引导至全新的数学领域，然后菲奥里老师会记录下同学们的思考过程和方法。这就是一个绝佳案例，他认为应该让老师在学校课堂上提出类似的问题，我同意他的观点，但我更鼓励父母在家里为孩子提供这样的环境，无论孩子多大，都可以这样做。

有学者认为，孩子从小接触积木，是他们在往后的学习生涯中数学成绩优异的关键原因之一。有个事实值得我们注意，男孩接触积木的机会比女孩多，这是父母对孩子的性别印象所致，由此男孩和女孩在空间感上就有了不容小觑的差异，这也会影响孩子的数学成绩。类似积木、可以连接的立方体或组装玩具都对孩子空间推理能力的提高有极大帮助，而空间推理是数学理解的基础。

不同颜色的骰子

除了积木，其他培养空间想象力的玩具还包括拼图、七巧板、魔方和其他组装玩具，甚至不一定是专门的玩具，它们还可以是生活中的简单规律和数字的排列。如果你带孩子出门散步，就能遇见各种与数学相关的事物，从门牌号码到门柱的数量。有创意的人能随时随地找到数学问题。请记住，生活中总有数学，我们应该有一双善于发现数学的眼睛。

不同颜色的启蒙魔法方块

哈佛大学教育学教授埃莉诺·达克沃思在她的文章《好点子的来源》中提出了一个重要观点：孩子最有价值的学习经验也许来自他们自己的想法和思考。在达克沃思的文章中，她提到一场对 7 岁孩子的采访，她让孩子们把 10 根吸管切成不同的长度，按照从短到长的顺序排列。当凯文小朋友进来接

洞洞板和小钉子

不同长度的木棍，最好有孔眼可以穿线

不同大小、形状简单的量杯，可以装水

不同形态的松果

受采访测试的时候，他没等达克沃思解释这个任务，就率先说道：“我知道我要做什么。”然后他就开始捣鼓这一批吸管了。达克沃思记录道：凯文说的不是“我知道你要我做什么”，而是“我觉得这堆吸管可以这样玩，看我大显身手吧！”。达克沃思说，凯文认真地把吸管排列好，完成的时候，他露出了满意的笑容。对凯文来说，按自己的方式排列吸管，比按老师的要求排列更有价值，因为这是他自己的想法，而不是被动地听别人安排。有不少关于儿童学习过程的研究显示，当孩子按照自己的意愿思考时，他们的认知复杂度更高，学习的动力也更强。达克沃思提出“智力发展的本质便是自发产生好点子”，而父母或老师所谓最好的教育就是提供学习环境，让孩子产生绝妙的想法。所有孩子在初始阶段都有提出想法的动力，不管是数学还是其他领域，而最重要的便是由父母来小心呵护孩子的动力。细化到数学这门学科，父母则需要付出更多的努力。因为在数学里，孩子很容易误解所有解题方法已经存在，他们只需要复制这些方法就好。正因为如此，父母的引导才显得越发重要。

谜题和趣味问题

除了为孩子提供良好的学习环境外，还有一种方法能够引导孩子产生有价值的思考，那就是有趣的谜题。萨拉·弗兰纳里在她和爸爸合著的一本数学书《数学小魔女》中讲述了她的数学学习历程，如果你想孩子赢在数学的起跑线上，鼓励孩子在生活中发现数学之美，那么这本书是一本绝佳的学习资料。尽管我们做不到像萨拉爸爸那样成为数学教授，但只要做到像他那般热情就好了。萨拉·弗兰纳里在书中介绍了许多在家就能玩的谜题，这是她不断培养数学兴趣的关键活动。在她小时候，她和小伙伴更喜欢户外运动，但到了晚上，她父亲就会布置有趣的谜题，让他们思考，这些谜题成功地吸引了一帮孩子的注意。很多人把萨拉·弗兰纳里的成就归功于她的数学教授爸爸，归功于她家的数学基因，但她认为并非如此。

“我不能说自己没有得到额外的数学学习帮助，但我和我的兄弟从小没有被逼着去上补习班，也没有因为家庭作业被父母打骂。或许这种帮助是在我们很小的时候就开始的，润物细无声地影响着我们，逐渐培养着我们解决问题的能力。从我记事起，我父亲就给我们出一些小谜题。到现在，我还能记起小时候的口头禅：‘爸爸又给我们出题啦！’这些小谜题对我们来说是个令人兴奋的挑战，激发了我们的好奇心，告诉我们，数学是有趣且实用的。但这些小游戏最根本的作用是教会我们独立推理和思考。所以，这些谜题比在学校学习公式和证明对我更有益。”

萨拉·弗兰纳里还列举了小时候做过的数学谜题，正是这些谜题练就了她今天的数学能力。下面是我最爱的 3 个谜题。

双缸谜题：给定一个 5 升的水缸和一个 3 升的水缸，还有无限供应的水，怎样精确地量出 4 升水？

井底之兔：一只兔子不小心掉进了一口 30 米深的干井里。当它想爬出井底的时候，每往上爬 3 米就会滑下 2 米。忙了一天，它只能停下来休息，第二天早上继续爬，第二天的速度也和之前一样。那么它要花多少天才能从井里出来？

小和尚取经：一天早晨，太阳刚刚升起，小和尚准备出发，爬上山顶去拜访另一座寺庙。山间的小路只有一两英尺宽，绕山盘旋。小和尚前进的速度时快时慢，途中多次停下来休息，吃随身备好的干粮，最终在日落前不久到达了目的地。在寺庙里，他经过几天禅修，结束后又沿着同一条路返程。回来时他从日出时出发，行走的速度依然时快时慢，途中休息多次后，最终在日落前回到原来的寺庙。试证明，在去程和返程的路上，小和尚都会经过一个据点，并且每次到达这个据点的时间都一样。

这些谜题不断培养着弗兰纳里的思考能力和逻辑推理能力，这是学数学的两大重要技能。在解谜的过程中，孩子需要参透题目中的场景，通过图形和列举数字来解决问题，要进行逻辑思考，这都是学数学必备的关键能力。弗兰纳里说，小时候，她和兄弟姐妹会在每天的晚饭后研究父亲给他们出的难题。

我很喜欢这种晚间游戏环节，但我能想象，忙碌了一天还要回家给孩子出题，这是一件很难做到的事情。其实谜题并不一定要由父母每天布置给孩子来完成。家庭成员可以每周、每月或偶尔做做这些有趣的谜题。无论是把它当作日常仪式还是偶尔才做的游戏，小谜题都是培养孩子数学能力的有效工具。在解谜过程中，记得鼓励孩子说出他们的想法，鼓励他们运用逻辑进行推理。养成用逻辑解决问题，以解决问题为导向攻克一道道难题的习惯，会对孩子们将来的学习和生活有非常大的帮助。

学会对孩子提问

陪着孩子探讨数学问题的时候，家长可以试着向孩子提问。大多数情况下，孩子不排斥思考，而思考有助于他们发展数学思维。懂得提问能帮助你掌握孩子当下对数学概念的理解程度，掌握孩子的学习进度才能提供正确的支持。

在帮助后进学生的时候，我总会先问："你认为应该怎么做？"当我想鼓励他们说出自己的想法时，我会问："你为什么这么想？"或者"你是怎么想到的？"

对习惯于传统教育的孩子来说，他们会误以为自己做错了，急忙改变自己的答案。但学生会渐渐习惯这种问法，他们知道我只是对他们的想法感兴趣，无论是对还是错，我都会问同样的问题。当学生解释清楚他们的想法时，我就能帮助他们高效进步，同时给他们树立一种观念，即数学是一门讲道理的学科，在解决数学问题的过程中，他们需要对问题有深刻了解并通过推理得出结果。

帕特·肯沙夫特写了一本书，叫《数学的力量：家长怕数学，如何教孩子爱上它？》。书中她引用了斯沃斯莫尔学院教育学教授海因里希·布林克曼的话。这位教授能从学生的只言片语中挖掘他们的可取之处，在引导学生思考的时候，哪怕学生问了一个离谱的问题，他也能给予回应："哦！我知道你在想什么了，你的意思是……"这在教学领域，特别是在数学教学中，是一个非常有意义的举措，因为除非孩子有意胡言乱语，否则他们的想法在某种程度上都有意义，而老师的角色就是找出有意义的东西，并帮助学生搭建起认知的高塔。而相比管理30人以上的老师，在家专门陪孩子学习数学的家长可以更细致地指导孩子，有时间和机会对孩子循循善诱。如果孩子的答案听起来是错误的，父母可能不会太开心，但如果他们能从孩子的想法里找到正确的部分，并懂得将孩子的想法引向正确的方向，就能使孩子树立信心。在数学学习里，自信是非常重要的。

同时，我们还应鼓励孩子勇敢提问，可以向他人提问，也可以向自己提问。我曾经和一位富有激情的数学老师卡洛斯·卡巴纳一起工作，当学生向他寻求帮助的时候，他会引导学生把问题细化，让问题成为一个可讨论的具体问题，这个时候，学生对自己提出的问题就有了更清晰的认知，往往自己就能找到答案。

另一位好老师凯西·汉弗莱斯常常对我说，她从来不会问学生自己知道答案的问题，意思是她总会问学生使用的方法和用它的原因，这是她事先不会知道的事。而对所有数学老师来说，这类答案是最有价值的，因为这能帮助老师了解学生的思考进度。帕特·肯沙夫特曾经说过："只有了解对方的真实想法，你才能帮他释放被禁锢的数学潜能。"要了解学生的想法，挖掘他们的数学潜能，最理想的方式是给他们提供有趣的学习环境和有挑战性的题目，陪着他们探索并温和地提问，鼓励他们思考和推敲每一个难题。

当陪着孩子学习数学的时候，哪怕你对数学有阴影，也要在孩子面前保持热情，因为这一点非常重要。父母，尤其是女孩的妈妈，永远不要对孩子说："我数学很差！你要好好学。"不少研究都认为向孩子透露"数学很难"是一种有毒的行为，对小女孩来说更是如此。帕特·肯沙夫特谈到培养孩子数学兴趣的时候说："请尽可能让孩子在接触数学的时候觉得有趣，特别是在孩子年龄不大的时候。请不用担心，正因为孩子还小，你完全不必担心自己不配教数学，只要会数数就好了。数一数，笑一笑，唱一唱，跳一跳，这就足够了。"

她提出的观点我认为非常有必要让父母知道：家长不应该让孩子在上学前就害怕数学，哪怕是对数学有阴影的家长，也最好不要让孩子在上学前就对学数学有消极心理。

对你来说，当你有了孩子，而且孩子到了学习数学的阶段，这从某种意义上来说是一个"重读数学"的绝佳机会。而这一次，吓唬你的老师和家长都不在了，这样不好吗？

我认识很多人，在学校里害怕学数学，但成年后重新开始学数学的时候，他们发现数学比以前更容易上手，并且从学习中找到了乐趣。作为父母，完全可以让数学成为一项大人的学习项目，和孩子一起学数学，而且更好的方式是比孩子先学一步。

陪孩子聊数学，对话应该是轻松无压力的。恐惧和压力是学习数学的巨大阻碍，有压力的孩子在提出自己的想法时，总会不自在。如果孩子的答案是错的，父母和老师不应该表现出生气或想惩罚孩子的样子。孩子学数学比学其他学科更容易变得慌张，结果导致大脑一片空白。

我通常一开始就告诉孩子，欢迎大家犯错误，因为错误对学习很有帮助。我之所以对他们的错误持宽容态度，是因为错题能让孩子学到最多的东西，错题给他们提供了重新思考、修补漏洞和学习新知识的机会。当我陪孩子一起学习的时候，如果他们提出了一个不那么正确的观点，我会站在他们的角度，一起思考他们为什么会有这种想法，这可是老师修正教育认知的好时机。当学生清楚我并没有严厉评判他们的打算，而是会帮他们针对错误之处进行探究的时候，他们才能更有成效地思考，学到更多东西。

解决问题的策略思维

有学者深入研究了各个领域专家的工作，如数学研究、国际象棋、篮球和物理学研究领域，了解这些领域的专家在实际工作中的关键策略。关于数学工作者解决问题的方法，匈牙利数学家乔治·波利亚的观点最为著名。1957 年，他在《怎样解题：数学思维的新方法》一书中列出了成功的问题解决者所用的策略。波利亚的策略得到了全世界的广泛关注和支持，经久不衰。

波利亚认为，当专家解决数学问题时，他们首先要做的是理解问题。他们会像这样剖析问题：这个问题是关于什么的？切实需要被回答的问题是什么？在第二阶段，他们才制订解决计划。在这一阶段，数学工作者所做的行为是不擅长数学的人常常忽略的，比如：

第一种方法：把问题写下或画下来；

第二种方法：把数字列在表中；

第三种方法：从简单问题入手。

比如，有几种方法数出下面图形所含正方形的数量？

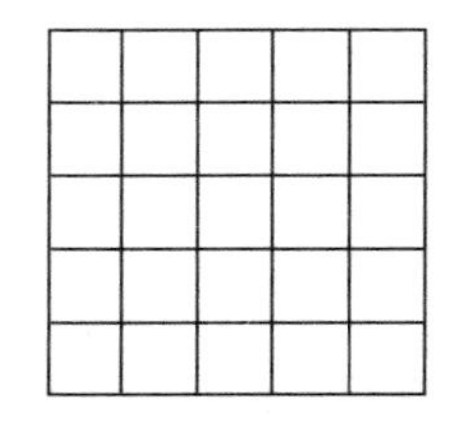

他们可以从小单位开始数起，比如先数下面这个图形所含正方形的个数：

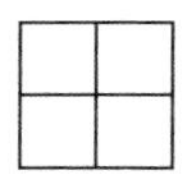

在第三阶段，他们开始实施计划，仔细检查每一步是否落实到位。而在第四阶段，则是对工作的复盘，思考得出的答案是否合理。

尽管以上所说的通用步骤对大家来说不是新鲜事，但成绩较差的同学往往会有所缺漏。在解决数学问题时，匆忙行动是大忌。盲目着手摆弄数字，却没有真正思考问题要求的是什么。而成功的问题解决者则会先用少量时间认真思考问题本身，比如："这个问题究竟在问什么？"而后他们会采取数学中的典型技巧，比如把问题转化成图像，制作图表，或拿小样本进行测试，而成绩较差的学生则通常想不到可以用这些方法。

在数学中，学会画图非常重要。比如萨拉·弗兰纳里提出的三个谜题（双缸谜题、井底之兔和小和尚取经），我首先想到的就是画图。哪怕是我，如果不停下来画图，我也会被这些问题搞晕，所以画图对我以及那些问题解决者来说是非常重要的策略。每当学生来向我求助的时候，我经常建议他们把自己的想法用图表示出来，而图总能成为突破口。而最近，我对数学工作者使用的第二种、第三种策略有了更深刻的认识。

让我用棋盘问题来解释这两种策略的重要性。棋盘问题是找出棋盘上有多少个正方形，答案并不是 64。这个问题的复杂性在于正方形可以有不同尺寸，从最小的 1×1 到和棋盘一样大的 8×8，都是正方形。

举个例子，这是一个国际象棋棋盘，我圈出的是 2×2 和 4×4 的正方形：

在暑期班的第一天，我就向班上水平参差不齐的学生提出了这个问题，并要求他们总结出一套方法，无论这个棋盘多大，都可以拿这个方法计算。对学生来说，要统计的正方形不仅有不同尺寸，而且正方形之间还可能相互重叠，这无疑提高了难度。

因此，学生在数正方形时必须细致观察，有计划、有体系地统计正方形的个数。

当我们提出这个问题的时候，同学们的反应很有意思：以往成绩好的同学意识到正方形的大小有很多版本，于是他们开始有条不紊地数了起来，计数时不忘标记数过的正方形，以便区分。例如，埃拉同学用下面的方法标出了所有 2×2 的正方形：

第一步：在 2×2 的正方形中心标上圆点，1 个圆点表示 1 个正方形；

第二步：用圆点标出棋盘上所有 2×2 的正方形。

随后，她又用图表记录了不同大小的正方形数量。埃拉同学的图表如下所示：

正方形尺寸	数量
1×1	~~62~~　64
2×2	49
3×3	6×6＝36
4×4	5×5＝25
5×5	4×4＝16
6×6	3×3＝9
7×7	2×2＝4
8×8	1

共有 64＋49＋36＋25＋16＋9＋4＋1＝204（个）正方形。

但成绩较差的同学则用了另一套方法。他们也意识到需要考虑不同大小的正方形，但计数的时候没有计划，也没有数完整。数完以后，便随意告诉老师数量，没有做到系统计数或制作图表。

时间久了，我发现缺少系统性的计划和记录，是他们成绩不好的原因。他们在做题时没有认真考虑问题，也没有组织好思维，像无头苍蝇一样捣鼓题目中的数字，而这常常又会让他们心乱如麻。于是，我们打算给这批同学进行培训，教他们制订计划和绘制图表，教他们在思维上保持系统性。果不其然，当同学们有了系统性的观念，同时用绘图和图表帮助自己思考后，他们在解决各种数学问题时都变得得心应手。

乔治·波利亚提到数学工作者惯用的第三种策略，即从简单问题入手，这在棋盘问题中也得到了充分体现。但出乎意料的是，在培训成绩较差的学生使用这种策略时，培训难度和阻力竟然是最大的。当我们要求学生对 8×8 棋盘的计数方法进行概括的时候，实际上就是在引导学生总结规律。

善于解决问题的人遇到这类问题时，会意识到棋盘大小决定着每一类尺寸的正方形的数量，因此随着棋盘变大，2×2 和 3×3 的正方形个数也会增多。

在思考棋盘边长和各类尺寸正方形的关系时，以 8×8 的棋盘为例，从很多角度都能入手搭建起规律，比如，2×2 的正方形个数和 8×8 的棋盘有什么关系？ 3×3 的正方形呢？ 4×4 的呢？在这个时候，先研究量级较小、更容易计算的数据是最好的。在这个例子里，完全可以先观察 2×2 的和 3×3 的正方形在棋盘里的个数。然而，班上成绩较差的同学并没有想到这种方法。不仅如此，当老师建议他们跟着这样做的时候，这些学生竟然非常不情愿。

在上一章中，我提到灵活处理数字的方式，比如将数字拆分重组，这种灵活的思维方式在解决所有数学问题时几乎是必备的。在数学中，善于解决问题的人非常清楚，如果要找出 8×8 棋盘中的正方形数量，方便快捷的方式是从小正方形开始数起。但是成绩较差的学生不认同这种做法，在他们眼里，这就像作弊一样让人丢脸。在接下来的几周时间里，成绩较差的学生还是难以接受灵活处理数字的方式，这时我才意识到，也许这套方法与他们的数学固有观念产生了冲突。这些学生从小在数学课上就被要求解决给定的题型，反复练习某种题型的解决方法，而现在我们要求他在解题之前改变题型的设定，怪不得这在他们眼里是一种非常奇怪的做法。但如果非要绕开这种做法，那题目就变得非常难了。所以接下来的几周，我都在给他们反复展示这个方法和使用场景，直到他们开始将数学视为一门灵活的学科，学会灵活地使用数字，渐渐接受了这个非常有用的方法。

我在前文提到，数学工作者常用的四大解题步骤：理解问题、制订计划、执行计划和复盘。成绩较差的学生往往在这些步骤里偷工减料，他们更倾向于匆忙提笔答题，没有系统的计划，忽视关键策略，就算得出一个答案，也不懂得停下来想想答案是否合理。

美国教育部曾召集广大数学家和数学教育工作者，思考未来数学研究的重要方向，我也有幸参与其中。经过集思广益和审慎考虑后，组委会认为，未来的数学研究方向是“数学实践”，即“数学学习和应用的专业程度，应该体现在书本概念之外，体现在实践之中。‘实践’意为数学专家所使用的具体方法，比如论证观点、高效运用不同的呈现方式、总结规律等”。

有意思的是，组委会还肯定了一些传统课堂所不重视的实践方法，是否会用这些方法是尖子生和差生的重要区别。成绩好的学生对这些方法早已驾轻就熟，但成绩差的学生一直没学会。所以，让所有学生特别是后进学生掌握好数学实践的方法，对成绩的提高能起到四两拨千斤的作用。

培养孩子活用有效的数学方法，最佳方式是给他们提供有趣的场景和谜题，因为完成这些任务需要动用策略思维。待孩子思考过后，再让他们即时分享和讨论成功的方法和策略。在时间不多的情况下，也可以直接教学生策略，比如上一章中我在暑期班运用的方式。一位研究专家李吉运用乔治·波利亚提出的策略，在短时间内对一批四年级学生进行了教育干预。在这场实验中，教师花了 5 个课时培训学生数学常用策略，并演示在实操环境中这些策略是如何解决问题的，然后再花 15 个课时让学生运用这些策略独立解决问题。

在对比接受培训的学生与未接受培训的学生的行为时，他发现接受过培训的学生较少出现盲目做题的毛病，比如没看清题目就开始处理数据。他们更倾向于在做题过程中把题目转化成图示，用图表帮助自己思考，以及会考虑到特殊情况。这些变化提高了做题的正确率，专门接受过培训的学生比对照组更会解决数学问题，培训效果甚至在几周后仍然很明显。这项研究表明，小学四年级的学生也可以接受用数学策略解决问题的培训，培训后效果显著，这类培训完全可以作为固定机制纳入日常课堂之中。

数字的灵活运用

所有父母和教师都要避免给孩子传达“数学规则非常死板”的观念，因为已有英国研究表明，成功的学生往往更擅长灵活运用数字，将数字拆分和重组。做法本身不难，但让孩子在日常解决问题时想起它、会用它才是难事。

幸运的是，我们有一些有趣且具体的方法可以鼓励孩子活用数字，这些方法适用于各个年龄段的孩子。我在前一章介绍过“数字对话”，这是目前我认为孩子最容易接受的教学活动。数字对话的目标是拓展孩子的思维，让他们知道数字计算不止一种方式，通过拆分和重组，我们能找到很多方式进行计算。

例如，你可以要求孩子心算 17×5，不能使用纸和笔。这个问题看起来可能有难度，但当数字可以在等值的情况下任意拆分和重组时，这道算术题就能摇身一变，变成容易计算的样子。因此，对于这道乘法题，我可以先计算 15×5，这样更加便于心算，因为 $10\times5=50$，$5\times5=25$，总和是 75。然后，不要忘了再加上 10，因为我只计算了 15 个 5，我还需要再加上 2 个 5。所以最终答案是 85。另一种解题思路是先不计算 17×5，而是算出 17×10，结果是 170，然后再除以 2。100 除以 2 是 50，70 除以 2 是 35，所以我也会得到答案 85。

当学生用这种方法不断练习心算时，他们会逐渐建立活用数字的习惯，并且提高他们的心算能力。在进行数字对话活动的时候，我会让孩子们在一道题中找出尽可能多的解题思路，这对大多数孩子来说，既是一个好玩的游戏，又是一个能激发斗志的挑战。

数字对话活动可以设置各种难度级别的问题，非常灵活，而且有无穷无尽的可能性。因此这个游戏没有年龄限制，无论是大人还是孩子都能从中找到乐趣。我在此列出了不同难度级别的心算题，可以用在各年龄段的数字对话活动上：

加减法	乘法
25 + 35	21 × 3
17 + 55	14 × 5
23 − 15	13 × 5
48 − 17	14 × 15
56 − 19	17 × 15

和孩子一起做数字对话时，父母可以像这样引导孩子：

- 你是怎么想这个问题的？
- 第一步做什么？
- 接下来你要做什么？

- 为什么选择这种方式？
- 你能想到第二种解决方案吗？
- 这两种方式有什么关联？
- 你觉得怎样改变数字会使这道题更容易做？

数字对话帮助孩子学会拆分和重新组合数字，这对培养他们的数感非常有帮助。除了数字对话，还有其他优秀的谜题，能够帮助孩子发挥创造力，灵活运用数字。

用 4 个 4 代表一切

请用 4 个数字“4”依次代表 0 到 20 中的每个数字，你可以用上各种运算方法（如加、减、乘、除、乘方或开方），请务必让每个算式中都只有 4 个 4。比如：

$$5=\sqrt{4}+\sqrt{4}+\frac{4}{4}$$

你能找到 0 到 20 中的哪些数字呢？

数字 20 的争夺战

这是一个两人回合对战游戏。

游戏规则：

1. 从 0 开始；

2. 玩家 1 在 0 的基础上加 1 或 2；

3. 玩家 2 在上一个结果的基础上加 1 或 2；

4. 两个玩家继续轮流加 1 或 2；

5. 第一个加到 20 的玩家获胜。

你能否想出一套必胜的策略？

上色的积木

给定一个 $3\times3\times3$ 的正方体积木。

当这个正方体完整的时候，我们把正方体涂成红色。之后大正方体摔成了 $1\times1\times1$ 的小正方体。请问：

有多少小正方体的 3 面都涂有红色？

有多少小正方体的 2 面涂有红色？

有多少小正方体仅有 1 面涂有红色？

有多少小正方体完全没有被涂上颜色？

如果这个正方体积木变得更大，那么涂上颜色的小正方体数量又有什么变化？

装豆豆的碗

给定 10 颗豆豆和 3 个碗，有多少种方法将 10 颗豆豆分配到 3 个碗中？

拆分数字

在这个游戏里，你可以用特殊教具或一堆大小相同的积木来配合游戏。

假设要拆分 3 这个数字，有几种拆分方法：

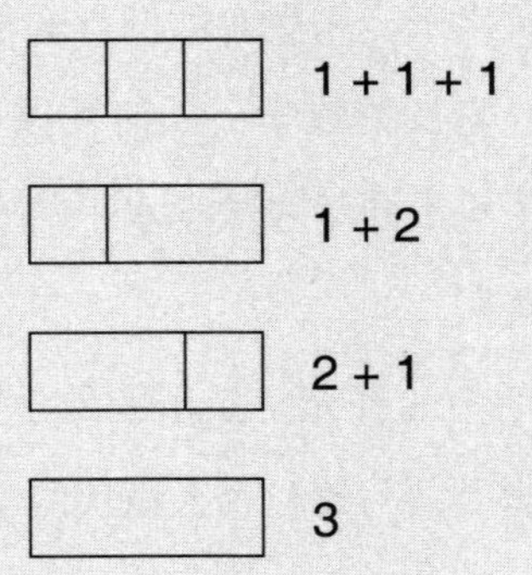

有些人认为 1 + 2 和 2 + 1 是同一种拆法，没关系，那我们就算 3 有 3 种拆法。

你可以和孩子讨论，哪种拆法孩子最喜欢，以及讨论其他数字是不是也可以进行拆分。

至此，我举出了一些在家或学校促进孩子思维提升的方法。如果你还希望了解孩子在学校的学习标准，我建议购买由美国数学教师协会（NCTM）出版的《学校数学原则与标准》，书籍和电子版均可在网站（www.nctm.org）上获得。这本书很适合给家长做知识补充，它不仅明确学生应该学习什么、学习的顺序，还推荐了许多良好的学习方法和有效的教学示例。

NCTM 标准无疑为全国范围的数学教学提供了一个范本，一些地区已经开始向这套标准看齐，将其作为校内的教学标准。然而，还有一些地区仍然各自为政，比如加利福尼亚，其自己制定的标准比较狭隘，也忽略了学生的问题解决能力和沟通能力的培养。因此，这些地区的学生和教师就没那么好运。但作为家长，如果学习过 NCTM 出台的标准，就能帮助孩子从狭隘的学校标准中跳出来，用更有效的方式学习数学。帕特·肯沙夫特所著的《数学的力量：家长怕数学，如何教孩子爱上它？》也是一个很好的资源，可以让家长了解不同年级数学水平的要求，同时作者还将不同水平的区别阐述得非常透彻。

有了家长在家庭生活中的补充，孩子的数学能力将会得到更多提升。但如果学校课堂本身就能提供高效和令人愉快的学习环境，这样不是更好吗？所以，在下一章中，我会提出一些家长与老师和学校合作的方法，让学生能拥有更好的学习环境。

第9章

让孩子爱上数学，开启学校数学教育的新模式

我坚定支持公共教育，但不可否认的是，目前全国各地的数学教育质量确实不高。造成这一状况的原因有很多，包括应试教育导致老师的教学偏轨。但家长完全有条件改变这一现状，并且家长在学校教学活动中的角色是非常重要的。在本章中，我将分享一些需要家长与老师和学校打配合的策略，力求让数学课堂成为孩子们高效学习、享受学习，并愿意继续深造数学的地方。

数学家帕特·肯沙夫特提出了“五年级危机”现象，意思是孩子拿回家做的作业，有超过 10 道题不会做，在课堂上没有小组讨论供他们解决问题，老师也没有通过通俗易懂的解谜游戏或应用题让学生理解透彻。确实，数学课堂的枯燥死板加剧了这一教育危机，原因在之前的章节中已经提及，不再赘述。而这一危机其实每个年级都存在，甚至持续到高中。与小学相比，高中的数学老师的教学水平应当更高，但令人震惊的是，约 37% 的美国高中数学老师没达到数学教学资格，但他们依然能采用狭隘死板的教学方式继续毒害学生。在部分初中和高中，数学老师由具有其他学科背景的老师担任，如科学和预科教育，这些老师中有些非常优秀，但我并不认为有高学历的老师才是最好的数学老师。我们亟须避免的是老师将他们儿时在学校经历过的老套教学方法用在自己的学生身上。失败的教学大多由于缺乏良好的教学方法和教学自信，这也是造成教育危机普遍存在的原因之一。

好消息是，家长可以发挥极大作用。如果你的孩子在学校不喜欢学数学，对自己的成绩无能为力，上着满是条条框框且听不懂的数学课，那么是时候采取行动了。在接下来的两节中，我将推荐家长与老师和学校合作的方法，并推荐一些可能对学习数学有帮助的活动和资源。

与学校和老师建立联系

想把握孩子在学校的学习质量，需要和四个关键主体建立联系：任课老师、学科主任、校长和家长教师协会（PTA）。

与任课老师沟通

想提高孩子的学习质量，要做的第一步就是接触任课老师，这也是最重要的一步。我相信，所有老师都希望提高孩子的成绩，他们的出发点都是好的，只是可能在教学方法上比较落后，或者不得要领。一些反对教育改革的人深受“数学正义小组”的毒害，采取了非常不可取的方法，他们把老师放在自己的对立面，暗地里跟老师作对，视改革为敌。我们的态度则和他们截然相反，我的建议是家长与孩子的数学老师相互熟悉，并和他们讨论孩子的需求。

作为一名有多年经验的老师，我深知老师非常希望和家长进行沟通。如果家长主动来联系他们，和他们谈论教学问题，他们肯定会非常乐意。家长可以和老师保持友好的关系，并敏锐地观察课堂动向。所以，要提升孩子的学习质量，我们就需要与老师合作，而不是把他们放在对立面。

怎样和老师沟通呢？别担心，我会提供一些提问和表达话术，让你和老师进行有效沟通。沟通的具体内容恐怕要根据老师的类型来定，比如根据沟通对象是擅长全科教育的小学教师还是擅长数学专科教育的中学教师来确定沟通的内容。对许多小学教师来说，他们可能自己就害怕数学，因此相比其他学科，他们对数学教学的信心不会很高。小学老师通常非常忙碌，因为他们要同时应付几门科目，所以不会在数学上花太多精力。而中学教师专注在数学一门科目上，甚至部分老师可能是专业数学工作者，所以可以预想他们更喜欢数学、享受数学，他们对数学教学更加熟悉，也更有自信。所以在讨论过程中，他们的观点也许会不一样。但无论是哪种老师，坦诚都是最好的沟通方式，即便可能双方看法不同，坦诚相待也比教育极端分子的暴力沟通方式好太多。下面是一些提问和表明观点的话术，希望对你有用。

“我的孩子在数学课上遇到了一些问题。她好像对数学课不感兴趣，但平常在家里学习的时候不会这样。请问一下，您平常是用什么方法教学的呢？有没有考虑过用其他方法？”

老师可能会和你解释，这是目前学校施行的教学方法。知悉老师目前采用的教学方法是否与学校政策挂钩，这件事非常重要，因为这代表着老师的态度：到底是因为学校政策所迫，老师也不一定认可呢，还是这就是老师自己的选择，认为这种方法没问题呢？无论是哪种情况，你都可以继续提问。

“我的孩子比较喜欢思考，她喜欢在课堂上和同学、老师讨论，做些比较有挑战性的难题。所以是否可以给他们出些复杂问题，并且让随堂跟练的环节占比减少一些？”

面对这种直中要害的问题，不同的老师会有不同的反应，有些人可能愿意接受这样的建议，有些人可能会反驳，认为原来的方法就很好。

如果你的建议被老师反驳回来，那么可以询问老师是否了解思维训练的重要性，以及是否可以把这种方法应用到课堂上。还有一个应对方法，就是给老师介绍一本书，邀请老师读完书后一起讨论，这可以让老师看到其他有效的数学教学方法。

也有可能老师并不认同政府或学校目前实施的教学方法，但没办法，只能照着做。所以，如果采用当前的教学方法是学校的决定，那么沟通对象应该转向学科主任，你可以和学科主任聊上述问题。如果是地区政府的决定，学校不得不贯彻执行，那么下一步应该联系 PTA。

我想，老师也许乐意尝试不同的教学方法，比如给充足的时间让学生讨论，或者布置更多元的讨论题，但他们的阻碍是不知道如何操作，或者对这种教学方法不太自信。

对于这种情况，我会询问学校是否考虑过老师的职业发展规划，比如对老师进行数学专业的培训，这通常依赖学区的拨款或赞助。此外，你还可以给老师推荐各种书籍和网站资源，为课堂上组织的活动提供指引。

帕特里夏·肯沙夫特是一位数学教育家，也是一位母亲。她发现自己上五年级的儿子每天都带至少 30 道数学题回家做，为此她找到了儿子的老师。当这位母亲准备和老师理论一番的时候，老师竟然热情相迎：“能见到您真是太好了！”原来，这位老师对自己的教学方法不太自信，正希望找家长来谈一谈。在这次见面里，她们对课程进行了重新规划，老师也改变了自己的教学方法，课堂效率变得更高了。看到这里，你可能觉得自己不是数学教育家，不能给老师提供什么帮助，但也许不管家长是谁，老师都会欢迎并期待和家长共同探讨教育。此外，老师还可能希望你去找学科主任或校长，期待家长的影响力能为他们争取更多的支持。

也有老师会为自己的教学方法辩解，无论他们的理由是什么，你都可以从这些理由之中挖掘出有用的信息，比如接下来该找谁进行沟通。老师也许会暗示你与如下三个主体进行沟通：学科主任、校长或 PTA。

“您认为吸引学生的最好方法是什么？”

这个问题问小学和中学老师都很合适。小学老师在幼儿教育上有丰富的经验，他们懂得把知识进行重组和转化，以激发孩子的兴趣和求知欲，但他们常常忘记在数学课堂中利用好这些方法。如果这位老师擅长教授其他学科，你也可以鼓励老师将教学经验转移到数学上。

中学老师普遍认为，激发学生的思维是最理想的教学方式，但他们可能在实践中遇到各种阻碍。比如，家长们可能会发现，如果没有大大小小的联考，如果孩子或家长都愿意接受改良的教育方式，他们就会给学生更多时间来探索数学，让孩子们好好思考，并进行课堂讨论。许多中小学老师都遵循“填鸭式”教育，不给学生思考和讨论的时间，这是因为老师承受着联考的压力，根本无暇做其他事情。但这群老师可能不知道，研究发现，相比接受题海战术，接受探索和实践练习的学生虽然在死板的联考中成绩没有什么变化，但他们在更灵活、更深入的学业评估考试中的表现明显更佳。运用这种教学方式，也许一堂课中的内容变少了，但如果学生能把这些概念吃透，即便不专门进行考试题型训练，他们也能在考试中把题目做对。

“我可以去旁听一堂数学课吗？”

旁听数学课有很多好处，一方面可以通过课堂体验了解孩子面临的困难，另一方面也能在更清晰的背景下和老师进行讨论。在美国，大部分学校都允许家长旁听。如果老师同意旁听，那么最好在和老师探讨教学方法前就进行旁听。在申请旁听的时候，可以询问老师哪节课最适合旁听，以及作为旁听的家长可以扮演什么角色。有些老师可能希望家长与孩子一起加入课堂互动，和孩子们共同讨论，并在必要时提供帮助；也有些老师更希望家长坐在教室角落，静静观察就好。

"请问现在学校有没有实行'助学型评估'？我可以看看学生每周的学习目标吗？"

一般情况下，老师可能不了解"助学型评估"是什么，所以可能会感到困惑。我们有很多了解"助学型评估"的途径，比如本书的第四章，也可以阅读一些相关的书籍。你还可以把助学型评估的效果告诉老师，比如已有研究表明，如果孩子知道明确的学习目标并朝着目标努力的话，他们会获得巨大进步。学习目标也是一项重要信息，你可以要求老师把目标共享给你，以便在家里帮助孩子学习。

而在高中阶段，教学方法通常由系里来决定，所以我建议如果与数学老师交谈后没有很好的结果，可以继续找系主任交流。和系主任的沟通内容与数学老师无异，但系主任作为更高一层的负责人，能给你和老师提供不一样的解决方案。如果你想建议施行教师专业培训，找数学系主任沟通也许更合适。你还可以询问系主任是否有让老师参加美国数学教师协会的年度会议，还有地区性的数学会议。同时，也可以询问，家长可以提供怎样的支持，来协助老师参加这些会议。

与校长沟通

如果课程设置是学校规定的，那么可能要找到校长或负责课程设置的副校长沟通。特别是当老师暗示想得到管理层的支持，或老师没有课程改革的意愿时，与校长层面的人沟通是非常有效的。但我不建议直接找到校长，而是先和老师沟通过后，再上升至校长层面。

对于学校的考试方式和分班制度等话题，找校长谈也是合理的。接下来，我会围绕课程设置、评估方式和分班制度这三个关键话题提出沟通建议，并分别进行详细说明。

课程设置

当和校长讨论数学教学方法的时候，我建议跟和老师沟通一样，从有具体答案的问题出发，比如，数学课程的设置由学校的哪个层级来决策？是否考虑过让学生积极参与互动的课程设置？此外，你还可以向校长询问，和本地其他学校比，和其他科目比，本校学生的数学成绩处于什么水平，而这些对比都能体现学校目前大致的定位。校长手头有大量数据，但这些数据可能来自地区统一考试，在评估的广度和深度上达不到要求。所以，我们不仅要向校长询问成绩本身，还要了解这项成绩来自什么考试，考试的性质是什么，以及是否考虑使用更多维的考试方法。另外，教师专业培训的问题也可以问校长，并提出培训能快速落实数学课程的改革以及帮助老师对孩子进行有效的教学。

评估方式

虽然学生平常不得不参加国家或地区性的统一考试，但学校对学生日常的学习状况进行准确评估还是非常必要的。校长应该对有效的学习评估方式有基本的了解，例如数学评估资源服务（MARS）测试，它可以广泛评估数学知识，并为教师提供有用的诊断信息。

校长还应该对“助学型评估”有所了解，并告知家长目前学校有没有落实这一评估手段，如果没有，你可以试着询问校长原因。如果你希望根据学校制定的目标来帮助孩子，可以找校长查看孩子每个学习单元的评估标准。

分班制度

学校是否实行按学习成绩分班的制度，这在很大程度上会影响你的孩子未来的学习环境，所以和校长讨论分班制度是比较合适的。谈论的话题可以是：学校是否实行分班制度？校长是否知道混合能力班的学生通常平均成绩更好？校长有没有浏览过关于分班制度的科学研究？

最后，你可以向校长提议进行教师队伍培训，帮助老师对学生进行有效的教学和评估。我们有许多组织机构提供专业发展课程，如数学教育联盟（MEC）（www.mec-math.org）、技术教育研究中心（TERC）（www.terc.edu）和“数学解决方案”（www.mathsolutions.com），这些课程可以帮助老师改善教学方法，而这些费用应该由学校或政府支付。

虽然与老师或校长面谈看起来难度不小，但请不要望而却步。主动沟通，也许可以为孩子创造更多学习机会。与此同时，学校方面也非常希望看到家长充满热情地和学校一起为孩子努力。

与家长教师协会沟通

想为教学方法建言献策，家长教师协会（PTA）是一个完美的桥梁。有些家长只会找 PTA 投诉，但我认为向 PTA 提供具体的话题才是有效的。数学教育联盟的创始人露丝·帕克就整理出了类似的清单，我认为非常合适：

- 我们的数学课程是否鼓励孩子对概念进行思考、推理和理解？
- 关于数学技能的题目是否有吸引力，是否有挑战性，是否切中数学的核心概念？
- 是否看重更宏观的数学能力培养，而不仅仅是算术？
- 是否鼓励孩子以理解概念为先，而不是单纯提高做题速度？
- 是否将解决问题和寻找规律作为孩子的核心目标？
- 是否着重培养孩子的推理能力？
- 数学课程是否鼓励孩子寻找多样化的方法解决问题？
- 数学课是否传达出概念需要被理解，而不是背诵？
- 是否给机会让孩子们自己思考和理解？

家长教师协会应该鼓励更多类似的讨论，起草建议递交给学校。如果你想在其中发挥更大的影响力，可以参加 PTA 选举。

家长在 PTA 中还能帮助筹集用于教师培训的资金和资源，从而推动数学教育的发展。

创造其他学习数学的机会

家长也可以利用午休时间或在课后设置“数学角”来给孩子提供学习的机会。有些家长不太擅长数学，对于这类活动可能不太有信心，但你完全可以把书里的数学谜题、游戏搬出来，就像前一章所描述的那样。一般情况下，学校或 PTA 都有相关的预算来做此事。而孩子也会喜欢和小伙伴讨论数学难题，你完全不需要担当任何带领者的角色。你也可以让其他家长或老师参与“数学角”。如果有需要，“数学角”也可以成为相互讨论作业和答疑解惑的地方。最重要的是，“数学角”应该成为一个孩子得以体验数学的地方，他们在里面能够享受学习数学，同时得到帮助。这种数学小活动不仅欢迎“数学小天才”，更欢迎任何想体验数学并与他人交流的人，甚至欢迎从未喜欢过数学的人。

家庭数学组织（www.lawrencehallofscience.org/equals）经常在课余时间为学生和他们的家庭成员举办数学主题聚会，也会在大大小小的社会团体中举办有趣的数学活动。他们还出版了配套书籍《家庭数学》，其中就包含许多数学游戏和活动。每所学校都可以开办家庭数学活动，如果你的孩子所在的学校没有，可以向校长或 PTA 提议建立一个。

关于“数学战争”的感想

我很痛心，有许多孩子没法接受高效的数学教育，其原因不是老师水平不过关，而是第二章讨论的“数学战争”。死记硬背的拥护者试图在全国范围内促使立法机构、学校和家长执行传统式教育，要求学生接受题海战术，默默做题。这些人的论点建立在两个致命的错误上，我必须严正指出。

错误 1　认为学生把精力放在数学游戏上，会耽误学习和考试

反对教育改革的人把焦点放在小学阶段的“数据调查”和高中阶段的“大学预备数学”“综合数学计划”等课程上，想把这些课程从课程大纲中除名。他们的主要论点是，接受这些教育的学生在考试中的表现不如接受传统教育的学生。但关于这些课程的研究表明，上此类课程的学生成绩表现并不差，甚至更好，这并不奇怪，因为如果对学习感兴趣，学生往往更有动力去学习。但我并不是说这类课程的每一门课都是没有瑕疵的，毕竟各种课程都有好老师和差老师，教学对学生的影响才是最大的。在对不同课程方法的研究中，我们发现，当学生积极参与时，他们在传统测试评估程序中的得分和其他学生一样高，而在多维度的水平测试中则表现更为突出。大家可以去看看“数学理智派”，这是一个对抗传统教学运动的组织，他们的网站（www.mathematicallysane.com）上有很多有用的知识。

错误 2　认为因为教育改革运动，近年来数学水平下降了

美国国家教育进步评估会（NAEP）是衡量学生学习水平的机构。与反改革人士提供的信息相反，NAEP 数学测试自 1973 年首次引入以来，9、13、17 岁年龄层的学生在 NAEP 数学测试中的分数一直稳步上升。截至 2004 年，学生数值运算和问题解决的能力表现比往年都要好。

20 世纪 80 年代中期，在大部分学校还没进行改革之时，基本上所有课堂都用传统的方式进行教学，数学评估显示这段时间学生的数学成绩普遍低下。在前几章中，我给大家呈现了 80 年代的评估结果，比如 17 岁的孩子还做不对分数的加法。我再列举几个令人担忧的现象：80 年代中期的一项国际测试表明，12 国对 12 年级前 1% 的学生成绩进行比较，美国的尖子生分数排名垫底。美国成绩前 5% 的学生得分低于日本学生的平均水平。从日常教学中找原因的话，日本学生在数学课上经常进行思考和推理练习。

一些提倡传统教学方法的大学数学系教授认为，近年来他们的新生数学水平有所下降，但他们的说辞和我手上的证据并不一致。2005 年美国大学理事会宣布，学生的 SAT 数学成绩是有史以来最高的。如果说大学数学系的学生还是水平较低的话，我找到一个可能的原因，这个原因也很明显：报考数学系的学生不一样了。如今，数学能力强的大学生在专业上有很多选择，包括计算机科学和工程专业。所以，那些曾经专攻数学的人现在才更可能投入以技术为导向的课题之中。而这些大学数学系所用的老套的、没有人情味的教学方法，使得学生放弃这一专业而选择其他专业。如果真是这样，继续坚持传统教学并不能解决生源水平和学生学习兴趣低下的问题。数学的标准并没有因为改革而下降，但数学教育仍然存在巨大的危机，尤其是越来越令人不愉快的数学学习环境，和越来越少的数学生源。如今，维护传统教育的极端分子仍然活跃在全国各地，他们倡导的方式将进一步压制孩子的数学思维，使得数学面临的危机越来越严重。作为家长和老师，应该站起来，对抗这种对孩子有害的教育理念！

总结

每天，我们在课堂上给孩子布置大量无聊且令人费解的数学题，难怪在孩子眼中，数学已经成为一门死去的学科，只要一出校门，数学知识就被束之高阁。常用数学的人都知道，生活中几乎不存在用单一固定程序就能解决的数学问题，所谓标准方法也很难解决生活中的大部分问题。

数学这门学科，是把生活中的问题转化成数学问题，用不同的数字和形状来表示条件，用画图或列表等方式表示规律，以及不断调整标准公式来应对复杂的现实问题。如果数学课堂能把这套关键逻辑教给孩子们，那么他们一定会更喜欢数学，选择数学专业的学生将会更多，大部分学生也都可以很好地用数学工具应对生活。

这本书旨在帮助儿童和成人与数学建立良好的关系，让他们在数学上重拾自信，并最终有助于建造一个科学、医学和技术蓬勃发展的良性社会。我在书中谈到了提升孩子的学习兴趣和提高数学能力对未来社会的重要性，但我写本书的最大动机，是改善孩子在课堂上的体验——把恐惧和无聊从课堂中抹去，代之以兴趣和冲劲。数学家会告诉你，他们所关心的学科是一个生动的、相互联系的、美好的学科。这本书是为了让所有孩子看到数学之美，而不是给寥寥无几的数学尖子生欣赏的。

附录
本书内的数学题
解题思路

导论

滑板运动员问题

一个滑板运动员从运行中的圆形旋转平台上松手脱离，圆形旋转平台半径为 7 英尺，运动员转一圈需要 6 秒。滑板运动员在图中 2 点钟的位置放手离开旋转平台，此时他离软垫墙 30 英尺。运动员离开后，撞上软垫墙的时间是多久？

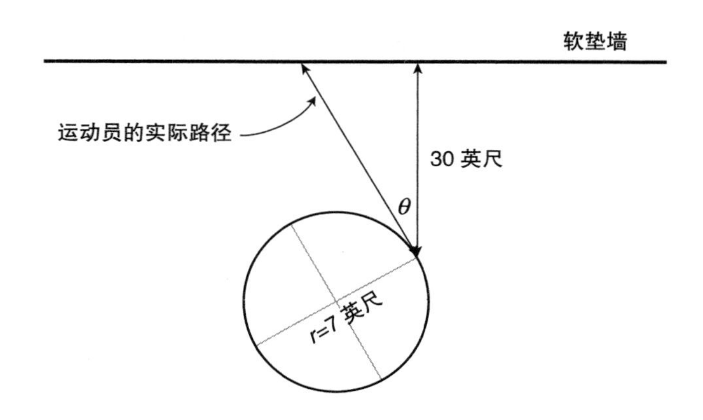

其中一种解决方案：

解题第一步，即求出滑板运动员离开平台后的实际运动距离，即下图

中 AB 之间的距离。

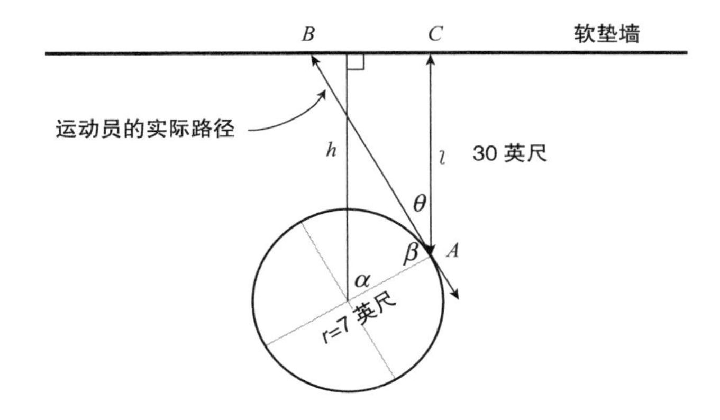

欲求 AB，可以利用直角三角形的性质，通过夹角 $\angle\theta$ 和 AC 长度求得 AB 长度，所以，首先需要求得 $\angle\theta$。

欲求 $\angle\theta$，可从圆形平台的圆心向软垫墙画一条垂线 h。已知运动员离开时的位置是“2 点钟”位置，即时钟上 0 点至 2 点之间的角度：1 / 6。因此 $\angle\alpha$ 是 360° 的 1 / 6，即 $\angle\alpha = 60°$。

由于运动员离开的轨迹是圆形平台位于点 A 的切线，圆的切线与切点半径相交成直角，所以 $\angle\beta = 90°$。

最后，已知 h 与 l 平行，平行线之间的内角和为 180°，即 $\angle\alpha + \angle\beta + \angle\theta = 180°$，因此 $\angle\theta = 30°$。

因此三角形 ABC 的三个内角分别为 30°、60°、90°，利用直角三角形三条边的关系，可以求得 BC 的长度为：

$$BC = \frac{30}{\sqrt{3}} = 10\sqrt{3}\text{（英尺）}$$

以及

$$AB = 20\sqrt{3}\text{（英尺）}$$

现在，我们已知运动员的实际运动距离，下一步就是求出运动速度。运动员在圆形平台上转一圈的时间是 6 秒。运动员转完整圈的距离为：

$$C = 2\pi \times 7 \approx 43.98\text{（英尺）}$$

所以运动员的速度是 $43.98 / 6 \approx 7.330$（英尺 / 秒）。

又因为

$$\text{距离} = \text{速度} \times \text{时间}$$

所以

$$\text{时间} = \text{距离} \div \text{速度}$$

所以运动员到达软垫墙花的时间为

$$\frac{20\sqrt{3}}{7.330} \approx 4.726\text{（秒）}$$

棋盘问题

本题的难度在于还有大大小小嵌套起来的正方形藏在棋盘里，比如 1×1 的最小正方形还能组成 2×2 的较大正方形，还有 3×3、4×4……以此类推，直到 8×8。

遇到这类题型，分门别类总没错。比如把每个尺寸的正方形都分类数一次：

1×1 的正方形有 8 行 8 列，共 64 个。

接着数 2×2 的正方形，这里有个难点，即正方形有可能相互重叠，比如用灰色框起来的正方形，算 2 个。

不想遗漏这些正方形的话，可以在正方形的中心标注一个点，一个中心点代表有一个 2×2 的正方形，如图所示。

标完所有 2×2 的正方形后，如图所示。

图上的灰点有 49 个，说明 2 × 2 的正方形有 49 个。

然后是 3 × 3 的正方形，它的中心点在中间的方块正中，如图所示。

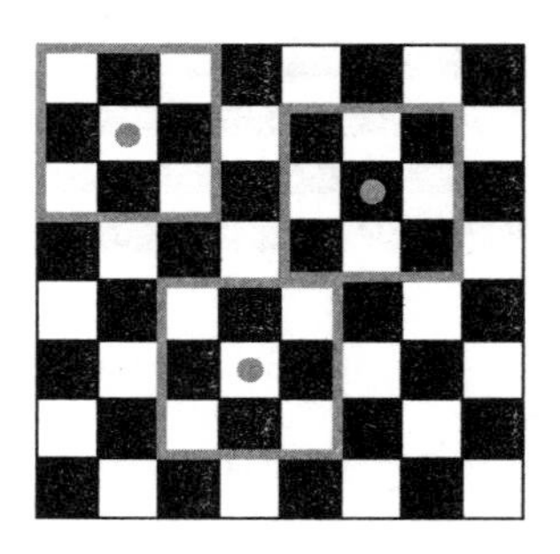

画完后，图像就像这样。

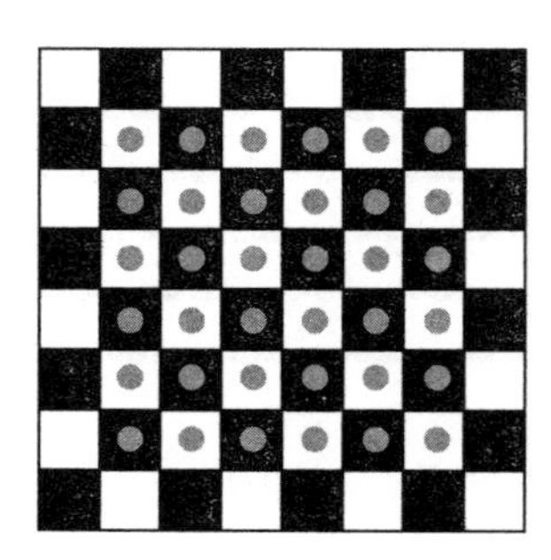

有横竖各 6 排的中心点，即 36 个，因此 3 × 3 的正方形有 36 个。再重复 4 × 4、5 × 5 等，我们得到了这个等式：

$$8^2+7^2+6^2+5^2+4^2+3^2+2^2+1^2=204\text{（个）}$$

这个公式也能迁移到其他大小的棋盘上。比如，$n\times n$ 的棋盘，1×1 的正方形个数是 n^2，而 2×2 的正方形个数是（$n-1$）^{2}，以此类推。

所以正方形总数是：

$$n^2+(n-1)^2+(n-2)^2+\cdots+3^2+2^2+1^2$$

第 3 章

积木规律问题

你能看出胡安同学标出的积木增长规律并用表达式表达出来吗?

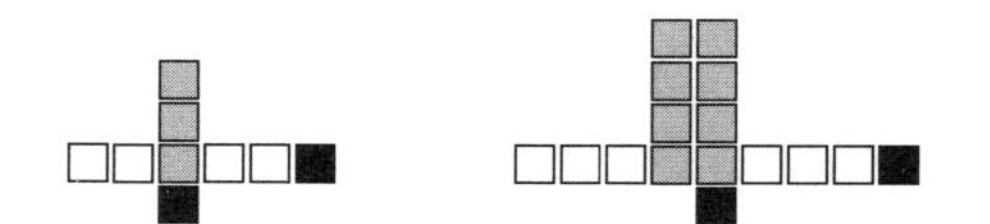

思考过程:

遇到这种问题，建议把积木拆分成几个部分，分别观察。举个例子，从上面的图形中可以发现:

- 白色正方形部分：左边和右边的白色正方形每到下一组积木，就会递增 1 个。
- 黑色正方形部分：右边和底部的黑色正方形数量没有发生变化。
- 灰色正方形部分：灰色正方形组成的矩形，每到下一组积木，其长和宽都增加 1。

如果要用代数表达式来表达，我们需要给每组积木编上号。因此，我们称第一组积木为“$n=1$”，第二组积木为“$n=2$”，以此类推。

现在我们来用 n 表示每组正方形的个数：

左边的白色正方形和右边的白色正方形总是比 n 大 1，所以可以用表达式（$n+1$）来表示；

下面和右边的黑色正方形总是 1，所以不管 n 是多少，都可以用 1 来表示；

最后，灰色的矩形宽度为 n，而其高度总比 n 多 2，即（$n+2$）。因此，这个矩形的正方形数量可以用宽度乘高度来表示，或者用表达式 n（$n+2$）来表示。

因此，第 n 组积木的正方形总数为：

$$
\begin{aligned}
&(n+1)+(n+1)+1+1+n(n+2)\\
&=n+1+n+1+1+1+n^2+2n\\
&=n^2+4n+4
\end{aligned}
$$

至此，我们发现一个有趣的细节：这个表达式是完全平方表达式，即 $(n+2)^2$，因此，每一组积木都能排列成长和宽相等的大正方形。将每组积木打乱排列后，我们就有了解题的新思路。

安布尔山中学的数学题

自行车运动员海伦在前 1 小时的路程中，以 30 千米 / 时的速度骑自行车；接着，又以 15 千米 / 时的速度骑行了 2 小时。海伦的平均速度是多少？

解决方案：

在速度问题中，我们要注意“平均速度”的表达陷阱，因为平均速度可以解释成不同的含义。最常见的解释是：“如果以恒定的速度行驶，在同样的时间走完同样的距离，其速度是多少？”

通过这种解释，就可以计算出行驶的总距离和花费的总时间。那么平均速度就是“总距离 / 总时间”。

在这个问题中，海伦在前 1 小时骑行了 30 千米，在第 2 和第 3 小时行驶了 $15 \times 2 = 30$（千米）。所以总距离是 $30 + 30 = 60$（千米）。总时间是 $1 + 2 = 3$（时）。

所以平均速度是：总距离 / 总时间 $= 60 / 3 = 20$（千米 / 时）。

第 4 章

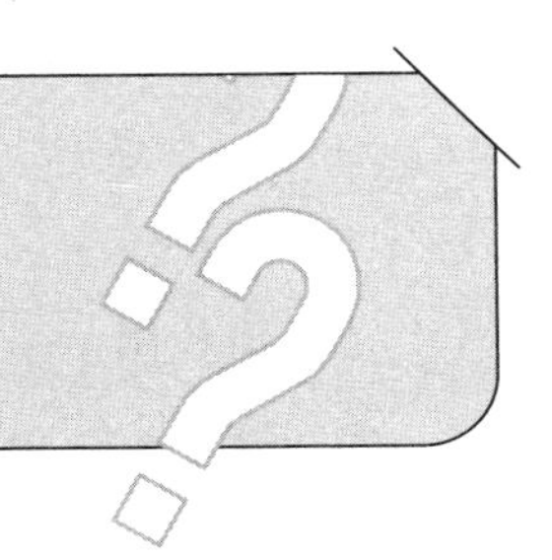

斯坦福数学测试题

1. 图中矩形的两条边长分别是 $2x+4$ 和 6。

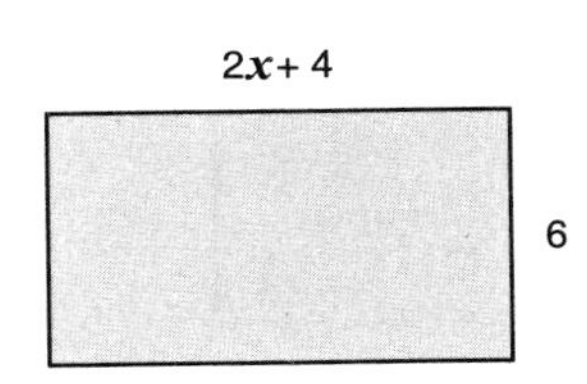

（1）请表示出矩形的周长，并尽量简化表达式。

解决方案：

周长是所有边长即 $2x+4$、6、$2x+4$、6 之和。所以周长是：

$$2x+4+6+2x+4+6=4x+20$$

（2）请表示出矩形的面积，并尽量简化表达式。

解决方案：

矩形面积等于长乘宽，所以面积是：

$$6(2x+4)=12x+24$$

（3）请找出一个新矩形，面积与原矩形相同，但两条边长不能和原矩形一样。请把新矩形画出来，并标出两条边的长。

解决方案：

有很多方法可以做到这一点。其中一种方法是将高度加倍，宽度减半，如：

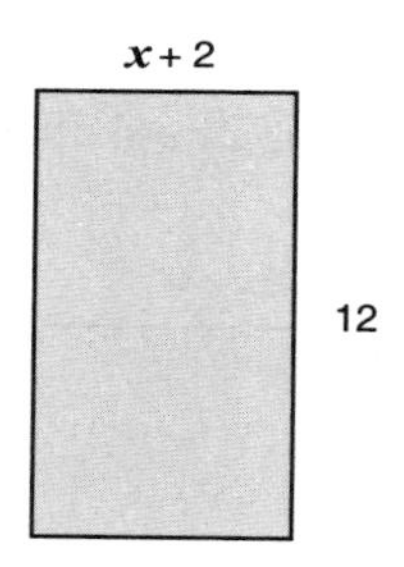

2. 请解出以下方程。

$$（1）5x-3=101$$

解决方案：

$$5x=101+3（等式两边同时加 3）$$
$$5x=104$$
$$x=20.8（等式两边同时除以 5）$$

$$（2）3x-1=2x+5$$

解决方法：

$3x-2x=5+1$（等式两边同时减 $2x$，同时加 1）

$x=6$（等式两边合并同类项）

第 7 章

楼梯问题

在这个作业里，老师把一堆方块叠成楼梯形状。同学们要计算 1 层高楼梯所需方块的数量，再到 2 层高楼梯、3 层高楼梯，以此类推。然后猜测 10 层楼梯所需方块的数量，再到 100 层……最后用代数表示任意层楼梯所需的方块总数。老师还把这些方块发给大家，让大家必要时可以堆成楼梯验证自己的想法。

4 层高楼梯所需方块数 =4+3+2+1=10

解决方案：

观察楼梯增长规律的方法很多，比如，最“美观”的方式，是把两个楼梯的斜边拼在一起，如下图所示：

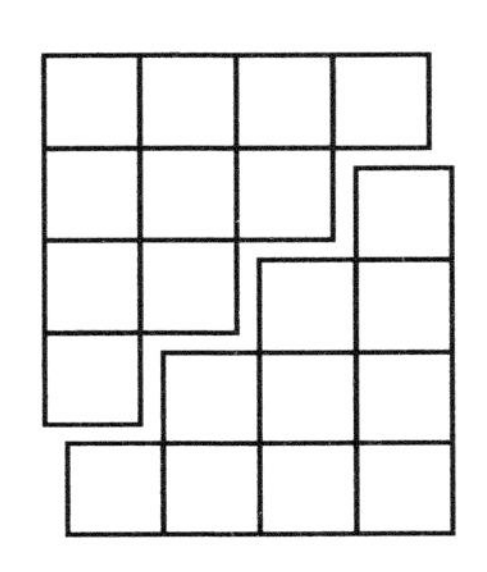

于是，楼梯组合成一个完美的 4×5 的矩形。

因为矩形包含 2 个楼梯的方块数量，所以原始楼梯的方块总数是 $4 \times 5 / 2 = 10$。

以此类推，两个第 n 组楼梯放在一起可以形成一个 $n(n+1)$ 的矩形。

同样，由于这里有两组楼梯放在一起，总数还要除以 2，即 $n(n+1)/2$。这个表达式有时被称为第 n 个三角形数，因为楼梯的形状是三角形的。

利用这个公式我们可以算出每组楼梯有多少个方块。例如，10 层楼梯（$n = 10$）有 $10(10+1)/2 = 55$（个）方块，100 层楼梯有 $100(100+1)/2 = 5050$（个）方块。

据说著名数学家卡尔·高斯的老师让学生把 1 到 100 相加时，他就是这样算出来的。你知道为什么这个表达式能解决卡尔·高斯做的数学题吗？

阿朗佐的楼梯问题

阿朗佐的楼梯：5 个方块

5 + 9 = 14（个）方块

5 + 9 + 13 = 27（个）方块

解决方案：

阿朗佐的楼梯问题是上一个楼梯问题的升级版，楼梯从一个中轴制高点向四个方向延伸并向下延伸。同样，我们有很多思考方向。

其中一种方法，就是沿用上一个楼梯问题的方法。每个方向的楼梯相当于上个问题中的楼梯有了 4 个副本，再补上 1 根由 n 个方块叠成的中轴柱。

所以方块的数量是 $4n[(n+1)/2]+n$。

其中 $4n[(n+1)/2]$ 代表四个楼梯的方块数量，n 代表中轴柱的方块数量。

最后一组阿朗佐的楼梯的层数用 n 表示，第 1 组楼梯是 1 层高，第 2 组楼梯是 2 层高，第 n 组楼梯则是 n 层高。该公式化简为：

$$
\begin{aligned}
& 4n[(n+1)/2]+n \\
&= 2n(n+1)+n \\
&= 2n^2+2n+n \\
&= 2n^2+3n
\end{aligned}
$$

每当求得一个代数表达式以后，最好把数额较小的数字代入验证一下。因此我提出两个附加任务供大家思考：

检查一下用这个代数表达式算出的第一组或第二组楼梯方块的数量是否正确。

用另一种解题方法，最终求得这个代数表达式。

牛栅栏问题

在一项名为“牛栅栏”的任务中，同学们要在牛的数量不断增加的情况下建立栅栏围起牛群，计算出栅栏长度。

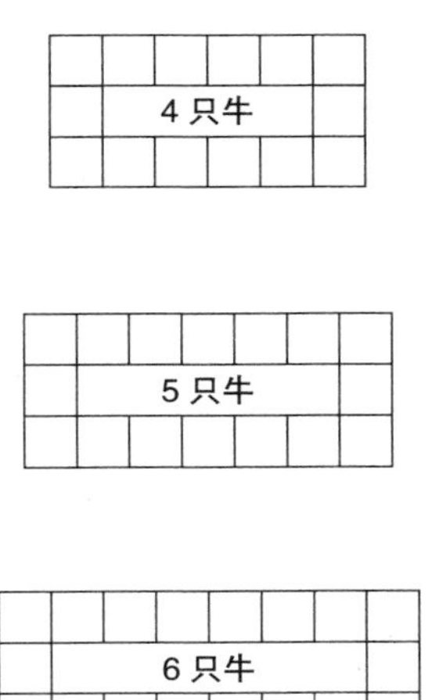

解决方案：

有很多方法可以看到这个问题的模式，就像书中的其他问题一样。一种方法是计算奶牛所对每边木桩的数量，然后加上角数。首先要注意的有趣的事情是，奶牛上方和下方的木桩的数量与奶牛的数量相同，而左右两侧的木桩数总是 1。在上面的第一张图中有 $4 + 4 + 1 + 1 + 4 = 14$（根）木桩，其中前两个 4 来自奶牛上方和下方的木桩，1 来自奶牛左右的木桩，最后的 4 来自四个角。下一张图是 $5+5+1+1+4$，原因类似。一般来说，木桩有 $n+n+1+1+4=2n+6$（根）。

萨拉·弗兰纳里《数学小魔女》中的数学题。

双缸谜题

如果你有两个没有刻度的水缸，一个 5 升，一个 3 升，还有无限供应的水，你怎样精确地量出 4 升水？

解决方案：

这道题的解决方案有很多！其中一种方案可以是这样：

将 5 升水缸装满水。

将 5 升水缸中的水倒入 3 升水缸，直到 3 升水缸装满水，现在 5 升水缸中剩下 2 升水。

清空 3 升水缸中的水，再将 5 升水缸中剩下的 2 升水倒入 3 升水缸。

再将 5 升水缸完全装满，随后倒进 3 升水缸，直到装满。因为 3 升水缸中原本已有 2 升水，所以 5 升水缸中只倒出了 1 升水。

现在，5 升水缸中正好剩下 4 升水。

如果单凭想象还不太明白，你还可以通过列表格的方式来表示每一个步骤和水缸中的水量：

动作	水缸（3 L）	水缸（5 L）
初始状态	0	0
将 5 L 水缸装满	0	5 L
将 5 L 水缸中的水倒进 3 L 水缸里，直至装满	3 L	2 L
清空 3 L 水缸里的水	0	2 L
将 5 L 水缸中剩下的水倒进 3 L 水缸里	2 L	0
将 5 L 水缸装满	2 L	5 L
将 5 L 水缸中的水倒进 3 L 水缸里，直至装满	3 L	4 L

附加思考 1：以上是这种方法最精简的步骤，还有其他更简单的方法来量出 4 升水吗？

附加思考 2：究竟多少水量，是用这两个水缸量不出来的？

井底之兔

一只兔子不小心掉进了一口 30 米深的干井里。当它想爬出井底的时候，每往上爬 3 米就会滑下 2 米。忙了一天，它只能停下来休息，第二天早上继续爬，第二天的速度也和之前一样。那么它要花多少天才能从井里出来？

解决方案：

这道题有个很典型的“坑”，即使避开了坑，也很容易出错。但只要换个角度思考，爬升和滑落的过程便可以大大简化。与其想象兔子每天爬3米然后滑下2米，不如直接看作每天爬升1米。

所以兔子每天爬升1米，30米深的井需要30天才能爬出来。但最后有个细节要注意，在最后一天小兔子爬出井口时，它并不需要滑下2米。所以小兔多省了2天，实际上只需要28天。你能用其他方法解释实际只用了28天吗？

小和尚取经

一天早晨，太阳刚刚升起，小和尚准备出发，爬上山顶去拜访另一座寺庙。山间的小路只有一两英尺宽，绕山盘旋。小和尚前进的速度时快时慢，途中多次停下来休息，吃随身备好的干粮，最终在日落前不久到达了目的地。在寺庙里，他经过几天禅修，结束后又沿着同一条路返程。回来时他从日出时出发，行走的速度依然时快时慢，途中休息多次后，最终在日落前回到原来的寺庙。试证明，在去程和返程的路上，小和尚都会经过一个据点，并且每次到达这个据点的时间都一样。

解决方案：

这类问题属于“不动点定理”问题。如果你对此类问题感兴趣，还可以找到很多类似问题！理解题意最直接的方法是画出小和尚的行程图，x轴表示时间，y轴表示位置。

所以，小和尚第一天的上山行程可以画成这样：

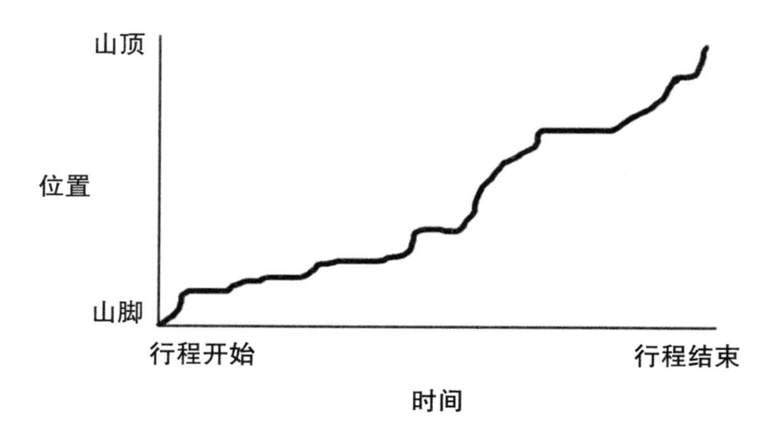

然后，在同一图表上我们可以画出他下山的行程：

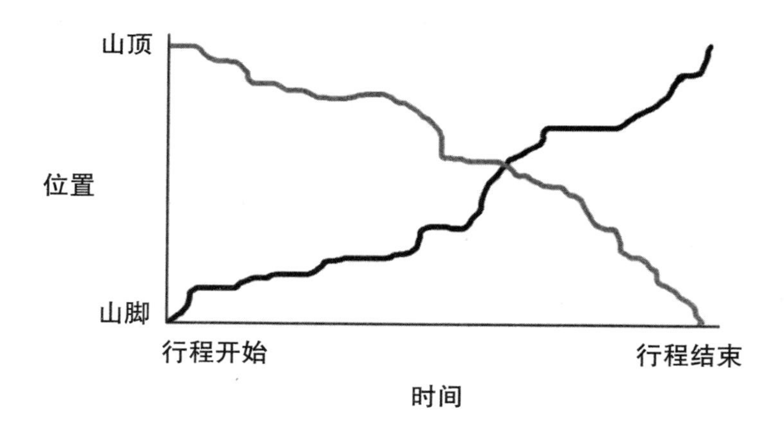

注意，这两条路径看起来完全不一样，因为小和尚的步行速度时快时慢。但至少我们可以确定，第一条路径必须从左下角走到右上角，第二条路径必须从左上角走到右下角，两者必然有个交叉点，如图所示，它们确实有交叉点。这个点标志着小和尚在两天的同一时间，身处同一地点。

棋盘问题

解决方案：

（见导论）

用 4 个 4 代表一切

请用 4 个数字“4”依次代表 0 到 20 中的每个数字，你可以用上各种运算方法（如加、减、乘、除、乘方或开方），请务必让每个算式中都只有 4 个 4。比如：

$$5 = \sqrt{4} + \sqrt{4} + \frac{4}{4}$$

你能找到 0 到 20 中的哪些数字呢?

解决方案：

使用 4 个 4 来表示不同数字的方法有很多，但对某些数字来说也是不小的挑战。以下是数字 1 到 20 的部分解决方案：

$0 = 4 - 4 + 4 - 4$

$1 = 4 / 4 + 4 - 4$

$2 = 4 / 4 + 4 / 4$

$3 = \sqrt{4 \times 4} - 4 / 4$

$4 = \sqrt{4} + \sqrt{4} + 4 - 4$

$5 = \sqrt{4} + \sqrt{4} + 4 / 4$

$6 = 4 + \sqrt{4} + 4 - 4$

$7 = 4 + \sqrt{4} + 4/4$

$8 = 4\sqrt{4} + 4 - 4$

$9 = 4 + 4 + 4/4$

$10 = 4 \times 4 - 4 - \sqrt{4}$

$11 = \frac{\sqrt{4}(4! - \sqrt{4})}{4}$

$12 = 4(4 - 4/4)$

$13 = \frac{\sqrt{4}(4! + \sqrt{4})}{4}$

$14 = 4! - 4 - 4 - \sqrt{4}$

$15 = 4 \times 4 - 4/4$

$16 = 4 \times 4 + 4 - 4$

$17 = 4 \times 4 + 4/4$

$18 = 4! - \sqrt{4} - \sqrt{4} - \sqrt{4}$

$19 = 4! - 4 - 4/4$

$20 = 4 \times (4 + 4/4)$

请注意，有些数字后面使用了阶乘符号，即感叹号“!”。遇到阶乘符号就要将这个数字与比它小的所有正整数相乘，比如 $4! = 4 \times 3 \times 2 \times 1 = 24$。如果不使用阶乘运算，有办法找到其他方法吗?

数字 20 的争夺战

这是一个两人回合对战游戏。

游戏规则：

1. 从 0 开始；

2. 玩家 1 在 0 的基础上加 1 或 2；

3. 玩家 2 上一个结果的基础上加 1 或 2；

4. 两个玩家继续轮流加 1 或 2；

5. 第一个加到 20 的玩家获胜。

你能否想出一套必胜的策略？

解决方案：

如果你玩过几轮这个游戏，你很可能会注意到：如果自己报出 17 这个数字，就已经赢了。这是因为无论对手往上加什么数字，不管是 1 还是 2，到了下一回合你都有办法最先占领数字 20。所以，得到了 17 就等于得到了 20。顺着这个思路，我们可以继续往前推演到更小的数字。接近终点时我们很容易想到，17 必须拿下，因为它离 20 只差 3，而对手在下一回合最多只能加 2，差了 1。所以诀窍就是“减 3”。继续类推，拿下 14 就是赢家，因为无论对手加 1 还是加 2，你在下一个回合都有办法拿下 17，随后拿下 20 也就轻而易举。类似的数字还有 11、8、5 等等，减 3 就好了。好，让我们回到游戏开始：如果你先开始，你能想出一个获胜的策略吗？如果你不是第一个报数，怎么办？如果你愿意，完全可以修改游戏规则，做出一些不同的游戏变体，然后找到必胜策略。

上色的积木

给定一个 3 × 3 × 3 的正方体积木。

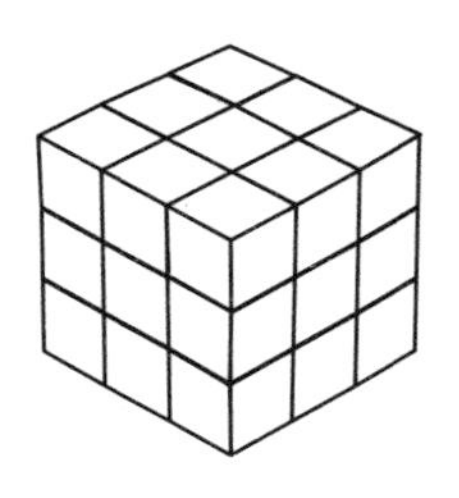

当这个正方体完整的时候，我们把正方体涂成红色。之后大正方体摔成了 1 × 1 × 1 的小正方体。请问：

有多少小正方体的 3 面都涂有红色？

有多少小正方体的 2 面涂有红色？

有多少小正方体仅有 1 面涂有红色？

有多少小正方体完全没有被涂上颜色？

如果这个正方体积木变得更大，那么涂上颜色的小正方体数量又有什么变化？

解决方案：

3 × 3 × 3 大正方体的正中间有 1 个小正方体，这个小正方体没有 1 个面是涂色的；

有 6 个小正方体，即大正方体每面正中间的小正方体，是只有 1 个面涂了色的；

有 12 个小正方体，即大正方体每条棱的中间那个小正方体，有 2 个面涂了颜色；

而有 8 个小正方体，即大正方体的 8 个角所处的小正方体，它们各有 3 个面被涂上颜色。

让我们再归纳至一般情况，对于一个 $n \times n \times n$ 的大正方体：

让我们想想如何计算 0 面被涂色的小正方体有多少个。如果移除掉最外层的小正方体，就会剩下“剥了皮”的中正方体，但这个中正方体的边长比大正方体小 2，因为每边的左右两端各有 1 个小正方体。所以移除一层后的中正方体，是一个 $(n-2) \times (n-2) \times (n-2)$ 的正方体。因此，0 面被涂上色的小正方体有 $(n-2)^3$ 个。

对于有 1 面涂色的小正方体，它们则位于大正方体每一面的中间。顺着上述过程推理，这是一个 $(n-2) \times (n-2)$ 的正方形，所以 6 个面各有 $(n-2)^2$ 个这样的小正方体，有 1 个面被涂上色的小正方体有 $6(n-2)^2$ 个。

对于有 2 面涂色的正方体，它们位于大正方体的每一条棱上，棱两端的小正方体除外，共有 12 条棱，则每条棱有 $(n-2)$ 个小正方体符合条件（你知道为什么吗？），则总共有 $12(n-2)$ 个这样的小正方体。

最后，无论正方体有多大，都只有角上的小正方体才会被涂上 3 个面，一共 8 个角，所以 3 个面被涂上色的小正方体有 8 个。

装豆豆的碗

给定 10 颗豆豆和 3 个碗，有多少种方法将 10 颗豆豆分配到 3 个碗中？

解决方案：

做这个题有很多种方法。一种方法是根据第一个碗里有多少颗豆豆，把它分成 11 份。（这里提个小问题，你能明白为什么是 11 份而不是 10 份吗？）然后穷尽把剩余豆豆分进另外两个碗的方案。按照这样的思考方式，你就能有条不紊地把各种情况列出来了。下面，请看我的清晰简洁的解题步骤：

首先，我们用小点“•”代表豆豆，2 个“x”代表分割豆豆的分割线，被分割的 3 份豆豆就代表放在 3 个碗里。

首先我们画出 12 颗豆豆“•”，为什么要多出 2 颗豆豆呢？因为稍后我们会用两个分割线“x”来替换两个位置的豆豆，以表示不同碗里的分配方式。

• • • • • • • • • • • •

于是，豆豆“•”和分割线“x”可以表示成这样：

• • x • • • x • • • • •

也可以这样：

• • • • • • • x • x • •

甚至是这样：

• • • • x x • • • • • •

解题思路如下：

将豆豆从 0 颗到 10 颗逐次归入第一个碗中，用第一个“x”隔开；然后，再把第一个碗放剩下的豆豆放进第二个碗里，个数从 0 个逐渐增加，用第二个“x”隔开；然后把剩下的豆豆放进第三个碗里。

在上面的第一个例子中，第一个碗里有 2 颗豆豆，第二个碗里有 3 颗豆豆，第三个碗里有 5 颗豆豆；对于第二个例子，第一个碗里有 7 颗豆豆，第二个碗里有 1 颗豆豆，第三个碗里有 2 颗豆豆；对于最后一个例子，第一个碗里有 4 颗豆豆，第二个碗里有 0 颗豆豆（你明白这意味着什么吗？），第三个碗里有 6 颗豆豆。

用上述方法，不断用“x”替代不同位置的“•”时的情况，以划分这 10 颗豆豆在每个碗中的数量。如果能穷尽所有“x”摆放的情况，那么我们就能知道三个碗中豆豆的所有排列方式。

那么，拿出任意一颗“•”并用“x”代替，这种摆放方式一共有多少种情况呢？豆豆一共整齐摆放着 12 颗，你可以选择任何一颗拿来替换，所以有 12 种情况；

那么，再取出任意一颗豆豆用以替换成“x”，因为刚刚你已经取出了 1 颗，所以还剩 11 颗可以选择，所以有 11 种情况。所以，取出两颗豆豆并用“x”代替的情况一共有 $12 \times 11 = 132$（种）。但是，还有一种情况需要注意：刚刚的算法已将“x”的顺序问题纳入考虑，即有些情况是先“x_1”后“x_2”，有些情况是先“x_2”后“x_1”，但在这道题中，我们不需要考虑“x”的顺序问题，即把“x_1”和“x_2”视为一样的分割线，所以当两个“x”处于同一个位置时，我们共统计了 2 次，于是刚刚计算出的 132 种情况需要折半。因此，用“x”替换 12 颗豆豆中的 2 颗豆豆的方法，也就是在 3 个碗里放 10 颗豆豆的方法，计算出来的答案应该是 $12 \times 11 / 2 = 66$（种）。

附加思考：如果改变豆豆的数量，你还能用这种方法再推演一次吗？如果改变碗的数量，又该怎么做呢？

拆分数字

在这个游戏里，你可以用特殊教具或一堆大小相同的积木来配合游戏。

假设要拆分 3 这个数字，有几种拆分方法：

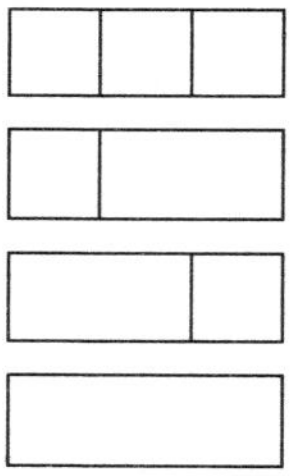

| | | | 1 + 1 + 1

| | | 1 + 2

| | | 2 + 1

| | 3

有些人认为 1 + 2 和 2 + 1 是同一种拆法，那就只有 3 种拆分方法。

接下来，按你定的规则，再去拆分其他数字。

解决方案：

这次，你得靠自己了！用一条代数式来表达拆分的种类数，其实这个数学问题，数学家们也还在研究当中，欢迎加入数学研究的前沿！